W0053350

Wanted!

E-Book inside

Buch und E-Book in einem – Lesen, wie *Sie* wollen!

1. Öffnen Sie die **Webseite** www.campus.de/ebookinside.

2. Geben Sie folgenden **Downloadcode** ein und füllen Sie das Formular aus

   »TICKET TO READ« – IHR CODE: KRP4E-D24EW-8YGM2

3. Wählen Sie das gewünschte E-Book-**Format** (MOBI/Kindle, EPUB, PDF).

4. Mit dem Klick auf den Button am Ende des Formulars erhalten Sie Ihren persönlichen **Downloadlink** per E-Mail.

Matthias Kestler ist Gründer und Geschäftsführer der Personalberatung Xellento, die auf die Besetzung von Spitzenpositionen, Vorständen und Aufsichtsräten in internationalen Konzernen ebenso wie in mittelständischen Firmen spezialisiert ist. Die *Wirtschaftswoche* zählt ihn zu den einflussreichsten Headhuntern Deutschlands.

Matthias Kestler

Wanted!

Headhunter, Unternehmen
und die knifflige Suche nach
den idealen Kandidaten

Campus Verlag
Frankfurt/New York

ISBN 978-3-593-50872-6 Print
ISBN 978-3-593-43933-4 E-Book (PDF)
ISBN 978-3-593-43954-9 E-Book (EPUB)

Copyright © 2018 Campus Verlag GmbH, Frankfurt am Main
Umschlaggestaltung: Guido Klütsch, Köln
Umschlagmotiv: © Getty Images/Flickr RF
Satz: Publikations Atelier, Dreieich
Gesetzt aus der Minion und der Lubalin Graph
Druck und Bindung: Beltz Grafische Betriebe GmbH, Bad Langensalza
Printed in Germany

www.campus.de

INHALT

VORWORT

Verschwiegenheit ist in meinem Business das A und O. Dennoch habe ich dieses Buch über Headhunting geschrieben, das hoffentlich zum besseren Verständnis der Arbeit von Personalberatern beiträgt, mit Mythen über meine Zunft aufräumt und den bisweilen langwierigen Prozess der Personalsuche transparent macht. Denn eines ist sicher: Die Suche nach dem idealen Kandidaten wird immer kniffliger.

Der Gehaltshebel alleine bewegt kaum noch jemanden dazu, seinen Posten zugunsten eines anderen Jobs in irgendeiner anderen Firma aufzugeben. Sowohl Headhunter als auch Unternehmen müssen sich immer mehr Mühe geben und den Kandidaten ein attraktives, nahezu maßgeschneidertes Angebot machen. Sicher erleichtern einige technische Entwicklungen wie etwa Online-Portale oder Social-Media-Plattformen die Suche nach vielversprechenden Kandidaten – doch das ist noch längst kein Garant für den Erfolg. Viele Rädchen müssen ineinandergreifen, viele Details sehr früh eindeutig geklärt und viele Hindernisse umschifft werden, bis am Ende die heiß ersehnte Unterschrift auf dem Arbeitsvertrag steht.

Geeignete Kandidaten zu finden ist komplexer, als viele glauben oder sich eingestehen wollen, selbst wenn – oder womöglich gerade weil? – Personalberater passende Kandidaten scheinbar im Handumdrehen aus dem Hut zaubern. Wo die herkommen, muss es schließlich noch mehr geben, so die landläufige Meinung.

Gerade bei der Besetzung hochkarätiger Positionen stelle ich leider immer wieder Verhaltensweisen fest, die einen humanen, respektvollen

Umgang miteinander vermissen lassen. Systematisch werden Kandidaten aussortiert nach dem Motto »Gibt's den auch eine Nummer größer?« – als würden Topmanager und andere Spitzenleute auf Bäumen wachsen und im Online-Shop zum Verkauf angeboten, sauber aufgereiht und mit Labeln versehen. Ab in den Warenkorb, heute bestellt, morgen geliefert – mit satten Rabatten, versteht sich. Amazon Prime lässt grüßen.

Diesbezüglich fehlt manchen Auftraggebern in meinen Augen zum einen oftmals das Verständnis des Such- und Auswahlprozesses – sie verstehen also im Grunde die Arbeitsweise von Personalberatern nicht –, zum anderen kommt eine Überschätzung von Angebot und Nachfrage hinzu. Gleichzeitig zeigt sich eine individuelle Anspruchshaltung sowohl auf der Auftraggeber- wie auf der Kandidatenseite immer häufiger und immer deutlicher: Jeder will seine persönlichen Forderungen durchdrücken. Die Ansprüche sind dabei immens gestiegen und bewegen sich meiner Meinung nach oft genug am Rande des Utopischen. Und zwar auf beiden Seiten.

Die gute Nachricht lautet: Es gibt sie noch, die respektvollen, wertschätzenden Begegnungen auf Augenhöhe im Prozess der Stellenbesetzung. Ich erlebe sie in meiner Arbeit oft, aber nicht oft genug. Diese sollten wir, damit meine ich die Headhunter ebenso wie die Auftraggeber, flächendeckend gemeinsam bei der Personalbeschaffung und -entwicklung anstreben.

Ich sehe in meinem Business sowie in der Zusammenarbeit mit Auftraggebern und Kandidaten einige Defizite und Missverständnisse. Die Tatsache, dass es innerhalb der Branche ein regelrechtes Schweigedogma gibt, macht die Sache nicht gerade leichter: Meine Zunft gibt eher ungern etwas über sich und ihre Methoden preis – das wäre ja ein Wettbewerbsnachteil. Und womöglich glauben die Kunden dann, man könne keine Geheimnisse bewahren. Daher möchte ich Ihnen in *Wanted!* einen Blick hinter die Kulissen gewähren, Sie mit der Arbeitsweise von Personalberatern bekannt machen und die Schwierigkeiten bei der Suche nach den idealen Kandidaten beleuchten. Ich möchte mit den häufigsten Missverständnissen aufräumen, die einer idealen Besetzung meiner Erfahrung nach im Wege stehen.

Für mich steht fest: Nur wenn alle Seiten einer klaren Rollenverteilung zustimmen und vertrauensvoll folgen, kann für ein Unternehmen der jeweils beste, also in seinem Sinne ideale Kandidat gefunden werden. Und von talentierten Spitzenkräften, erfolgreich geführten Firmen und einer insgesamt gut laufenden Wirtschaft haben wir alle etwas.

Ich wünsche Ihnen viel Spaß bei der Lektüre!
Dr. Matthias Kestler, im September 2018

1 BLACKBOX HEADHUNTING: EIN PAAR BASICS

Ein attraktiver Arbeitgeber, eine aussichtsreiche Position, eine angemessene Vergütung – aus Unternehmensperspektive ist alles klar: Die besten Kandidaten müssten eigentlich Schlange stehen. Doch in Zeiten des demografischen Wandels ist das immer seltener der Fall. Und so manches Mal sieht sich der vermeintliche »Traumarbeitgeber« gezwungen, einen Personalberater an Bord zu holen. Der soll's dann richten – nachdem zuvor schon oft so einiges schiefgelaufen ist.

Die besten »Kopfjäger« sind dabei aber nicht jene mit der größten Feuerkraft, sondern jene, die es verstehen, sich dem »scheuen Wild« im richtigen Augenblick in der richtigen Art und Weise zu nähern – womit ein wesentliches Qualitätsmerkmal guter Headhunter beschrieben wäre. Auftraggeber, die dieses Know-how bezüglich Timing und Herangehensweise nicht nutzen, verprellen die idealen Kandidaten manchmal durch ziemlich banale Fehler. Wie so oft im Leben steckt der Teufel eben im Detail!

Wenn Leute den Begriff Headhunting hören, beginnt es sofort in ihren Gehirnen zu rattern: Mysteriöse Anrufe am Arbeitsplatz (»Können Sie gerade frei sprechen? Ich hätte da etwas Interessantes für Sie …«), konspirative Treffen an ungewöhnlichen Orten – Kopfkino pur! Um es gleich vorwegzunehmen: Vieles davon ist von der Realität meilenweit entfernt. Es ist aber kein Wunder, dass der Mythos Headhunter sich weiterhin hartnäckig hält, ebenso wie die Vorurteile und Bedenken, denn die Headhunting-Branche ist für ihre Geheimniskrämerei bekannt. Das gehört mehr oder weniger zum Image. Kaum etwas von den internen Prozessen, von der richtig harten Arbeit, die hinter einer scheinbar mühelosen Stellenbesetzung steckt, dringt nach außen.

Mein Business ist vielleicht nicht so sexy und aufregend, wie es auf den ersten Blick scheint. Aber immerhin ist es ein sehr menschliches – was leider ab und an in Vergessenheit gerät. Bei der Personalsuche geht es immer um Menschen, nicht um Maschinen oder Waren, um Prozesse oder Kennzahlen. Es liegt also in der Natur der Sache, dass nicht immer alles reibungslos verläuft, dass Missverständnisse entstehen, dass den Beteiligten Fehler unterlaufen. Wichtig ist es, sich dies immer wieder bewusst zu machen und Fehlentwicklungen entgegenzuwirken.

Personalberatung, Headhunting, Executive Search – für jede dieser Bezeichnungen ließe sich rein theoretisch eine eigene Definition finden, doch die Begriffe werden in der Regel synonym verwendet. Daher tue ich das auch, denn im Wesentlichen ist die Kernaufgabe identisch: Wenn in diesem Buch von Headhuntern oder Personalberatern die Rede ist (die Bezeichnung Executive-Search-Berater lasse ich der Einfachheit halber weg), meine ich damit Experten, die eine »gezielte Suche und Auswahl von qualifizierten und oft sehr spezialisierten Fach- und Führungskräften [...] im Auftrag von Unternehmen« durchführen, die sich ohne direkte Ansprache nicht dort bewerben würden.[1]

Personalberatungen kommen heutzutage in vielen Bereichen zum Einsatz. Es dreht sich dabei nicht ausschließlich um die Besetzung der obersten Führungsebene, sondern Headhunter helfen Unternehmen ebenso bei der Besetzung von Stellen im mittleren Management, suchen rare Spezialisten, qualifizierte Fachkräfte und viele andere mehr. Die Beispiele, die ich in diesem Buch beschreibe, beziehen sich jedoch überwiegend auf Führungspositionen ab dem mittleren Management bis hin zu Vorstands- und Aufsichtsratsposten, da ich in diesem Feld über die Jahre die meisten Erfahrungen gesammelt habe. Davon kann ich am meisten erzählen – selbstverständlich anonymisiert und verfremdet, um die in meinem Beruf notwendige Diskretion zu wahren.[2]

Kann ja nicht so schwer sein!

Mein Onkel – gelernter Elektrotechniker und Inhaber eines Elektrofachgeschäfts – plauderte gerne mal aus dem Nähkästchen. Geschichten über einen speziellen Kundentypus erzählte er mit Vorliebe:

Eine Kundin betritt sein Elektrogeschäft. Es ist – das betont er ausdrücklich – immer die Frau, die von ihrem werten Göttergatten, seines Zeichens Hobby-Elektroschrauber ohne nennenswerte Grundkenntnisse, losgeschickt wird, um ein defektes Elektrogerät zu reklamieren.

»Unser Fernseher geht nicht mehr« lautet die schlichte Diagnose, gefolgt von der vermeintlich unschlagbaren Doppelkombination: »Mein Mann hat aber schon mal reingeschaut, es kann eigentlich nicht viel sein.« Subtext: Das kann gar nicht viel kosten, ist ja nur eine Kleinigkeit.

Bei Ansagen wie diesen schrillen bei meinem Onkel augenblicklich sämtliche Alarmglocken: Der Herr Hobbyschrauber hat also an dem Gerät herumgepfuscht und nun schickt er seine Frau vor, sozusagen als Damsel in Distress, damit die Reparatur nicht allzu teuer ausfällt. Na, das kann ja heiter werden! Meinem Onkel als Profi ist sofort klar: Dieses Gerät ist garantiert ein Totalausfall, nicht mehr zu retten – reif für den Elektroschrott.

An diese Geschichte erinnere ich mich in meinem Arbeitsalltag regelmäßig. Nämlich immer dann, wenn ein Unternehmen auf eigene Faust versucht hat, eine hochkarätige Stelle im Management zu besetzen. Erst wenn die verschiedensten Versuche in die Hose gegangen sind, wird der Personalberater als Profi eingeschaltet, der es jetzt doch bitte richten soll, und zwar am besten noch gestern. »Wir haben uns schon mal umgeschaut« – bei solchen Äußerungen schrillen *meine* Alarmglocken. Und das passiert ehrlich gesagt öfter, als mir lieb ist. Das Paradoxe: Obwohl die Auftraggeber es selbst nicht geschafft haben, interessante Kandidaten zu finden oder – noch schlimmer – vielversprechende Interessenten durch ihre semiprofessionelle Ansprache vergrault haben, verlangen sie eine schnelle und vor allen Dingen kostengünstige Lösung. Nach dem Motto: »Kann ja nicht so schwer sein!«

Verstehen Sie mich nicht falsch: Ich will damit keineswegs sagen, dass Unternehmen oder Personalabteilungen generell nicht in der Lage wären, geeignete Mitarbeiter zu finden. Das können sie sehr wohl! Es gibt ganz viele Positionen, die Firmen in Eigenregie wunderbar besetzen können. Sie nutzen diverse Kanäle, um neue Mitarbeiter anzulocken und für sich zu gewinnen: Neben Stellenausschreibungen auf ihrer Internetseite machen Firmen in Online-Portalen mit teils pfiffigen Anzeigen auf offene Stellen aufmerksam, sie tummeln sich in den sozialen Medien und sprechen interessante Leute über Facebook, Xing und Co. an, sie bemühen sich frühzeitig um talentierte Köpfe, sie fördern interne vielversprechende Nachwuchskräfte und vieles mehr. Das machen einige Firmen natürlich versierter und geschickter als andere, aber grundsätzlich ist die klassische Stellenbesetzung bei den Unternehmen selbst gut angesiedelt. Da möchte ich mich als Personalberater auch gar nicht einmischen, ebenso wenig wie die meisten meiner Kollegen – Ausnahmen bestätigen wie immer die Regel.

Es gibt allerdings so einige Konstellationen und Situationen, in denen klassische Wege der Personalsuche nicht nur fehl am Platz, sondern in meinen Augen regelrecht kontraproduktiv sind. In dem Fall plädiere ich dafür, frühzeitig einen Experten zurate zu ziehen, um böse Schnitzer zu vermeiden.

Wann Headhunter zum Einsatz kommen

Warum ist es überhaupt vorteilhaft, einen Personalberater zu beauftragen? Was hat ein Unternehmen davon? Weshalb bauen Vorstände, Aufsichtsräte und Geschäftsführer auf die professionelle Unterstützung durch Personalberater? Berechtigte Fragen. Die Ausgangssituationen sind in der Regel sehr vielschichtig und so ist es selten ein einziger Grund, der Unternehmen dazu bewegt, sich externe Hilfe zu holen, wie Sie an den folgenden Beispielen sehen werden.

Vereinfacht gesagt kommen Headhunter häufig dann ins Spiel, wenn eine Stellenausschreibung im Internet unmöglich ist, die internen persönlichen Kontakte und Beziehungen bei der Suche nicht ausreichen und/oder alle anderen Bemühungen des Unternehmens, die freie Stelle zu besetzen, bereits ins Leere gelaufen sind. Vor allem wenn der Leidensdruck hoch und eine schnelle Lösung gefordert ist, kommen Personalberater zum Zuge, die – so die Hoffnung der Entscheider – den idealen Kandidaten nicht nur ausfindig machen, sondern auch zum Wechsel in das Unternehmen bewegen können.

Der Faktor Zeit

Es ist zum Verrücktwerden! Schon wieder eine Vorstellungsrunde für die Tonne. Schon wieder ist ein Tag ins Land gezogen und die offene Stelle bleibt weiter unbesetzt. Keiner der eingeladenen Kandidaten hat bei genauerem Hinsehen das Anforderungsprofil als Senior Vice President EMEA auch nur annähernd erfüllt.

Langsam, aber sicher gerät der Personalleiter eines bekannten Industrieunternehmens unter Druck. Solange er keinen geeigneten Kandidaten findet, herrscht in dem Bereich Stillstand. Das kostet das Unternehmen jeden Tag eine Stange Geld – und der Vorstand sitzt ihm daher auch schon im Nacken. Er entschließt sich, die Suche und Vorauswahl an eine Personalberatung auszulagern, damit bei der Sache endlich etwas vorwärtsgeht.

Wenn eine Stelle, insbesondere eine wichtige Führungsposition, lange unbesetzt bleibt, geht das für ein Unternehmen richtig ins Geld: Aufgaben, die erledigt werden müssen, bleiben liegen, wichtige Entscheidungen werden aufgeschoben und Neues wird vielleicht gar nicht erst angegangen. Die böse Folge können enorme Wettbewerbsnachteile sein, besonders wenn die Konkurrenz die Gunst der Stunde nutzt, um Oberwasser zu gewinnen. Doch die Suche nach geeigneten Kandidaten ist nun mal zeitaufwändig. Nicht in jedem Fall können die Personalverantwortlichen eines Unternehmens dies im Alleingang stemmen.

Eine Vakanz schnell zu besetzen kann demnach viel Geld sparen – und dabei helfen externe Experten mit frischem Blick. Der Personalberater kann sich auf die Suche und Auswahl geeigneter Kandidaten konzentrieren, die Entscheider auf das Tagesgeschäft. Es ist schließlich der Job des Personalberaters, genau diesen Teil des Prozesses in der Personalbeschaffung zu übernehmen; darauf ist er spezialisiert. Eine versierte, professionelle Ansprache potenzieller Interessenten erhöht zudem die Trefferquote und beschleunigt im Idealfall die Besetzung der vakanten Stelle.

Die diskrete Suche

Die Entscheidung ist gefallen: Zwei neue Geschäftszweige sollen das Familienunternehmen aus Hessen voranbringen. Wichtig ist dabei vor allem, einen fähigen Head of Business Development zu gewinnen, der neben der Entwicklung neuer Produkte und Dienstleistungen auch die internationale Ausrichtung verantworten kann. Die Konkurrenz darf davon aber auf gar keinen Fall zu früh erfahren! Gleichzeitig stellt sich die Frage: Wie kann man die passenden Leute finden, wenn der klassische Weg über Stellenausschreibungen und Veröffentlichungen tabu ist? Das Unternehmen beschließt, eine Personalberatung ins Boot zu holen, die vielversprechende Kandidaten nicht nur ausfindig machen, sondern auch unauffällig ansprechen kann.

Wenn ein Unternehmen plant, ein neues Geschäftsfeld oder einen neuen Markt zu erschließen, zu expandieren oder sich anderweitig zu verändern, soll dieser Entschluss nicht unbedingt sofort an die große Glocke gehängt werden. Ebenso wenig soll vorzeitig publik werden, dass für bestimmte Positionen neue Führungskräfte gesucht werden. Das kann verschiedene Gründe haben. Wesentliche Wettbewerbsvorteile gehen verloren, wenn zu früh herauskommt, dass eine Firma einen neuen Markt oder ein neues Segment erschließen möchte und dafür noch geeignetes Führungspersonal benötigt. Mal ganz davon abgesehen ist gerade bei höheren Managementpositionen Diskretion bei der Suche das A und O: Schließlich werden die raren Spitzenkräfte aus einem bestehenden Arbeitsverhältnis abgeworben. Logisch, dass das nicht unbedingt im Rampenlicht erfolgen soll, oder?

Nicht selten wird auch nach einem Nachfolger für eine bestimmte Position gesucht. Der Knackpunkt dabei: Die Stelle ist aktuell nicht frei. Jedenfalls noch nicht. Es ist vom geschäftlichen Standpunkt aus nachvollziehbar, dass der derzeitige Stelleninhaber von den Absichten des Vorstands beziehungsweise des Aufsichtsrats nicht erfahren soll, bevor ein adäquater »Ersatz« parat steht. Wie eine solche Vorgehensweise moralisch einzustufen ist, überlasse ich jedem Einzelnen. Ich erlaube mir hierzu kein Urteil – aber das Unternehmen wird schon seine Gründe haben.

Der Vorteil, einen Headhunter zu engagieren, liegt in diesen Situationen auf der Hand: Indem der Auftraggeber einen Personalberater als Mittelsmann einschaltet, bleibt er selbst über weite Strecken des Besetzungsprozesses anonym. Geeignete Kandidaten werden diskret gefragt, ob sie eventuell an einem Jobwechsel interessiert sind. Natürlich wollen diese in der Regel wissen, wer der neue Arbeitgeber denn sei. Niemand kauft schließlich gerne die Katze im Sack. Doch bei der Ansprache potenzieller Kandidaten ist – zumindest beim ersten Kontakt per Telefon oder E-Mail – zum Beispiel die Rede vom »sehr erfolgreichen, unternehmergeführten Wohnungsbauunternehmen, das sich in einem spezifischen Marktsegment bundesweit etabliert hat« oder vom »renommierten mittelständischen Familienunternehmen mit mehreren Hundert Mitarbeitern und Sitz in Bayern« oder von »einem internationalen Konzern im Bereich Komponenten für die Luft- und Raumfahrttechnik«. Alles sehr schwammig. Die grobe Richtung ist klar, aber von der Auflösung, wer sich tatsächlich dahinter verbirgt, ist man noch weit entfernt. Wann das Geheimnis um die Identität des Auftraggebers gelüftet wird, erfahren Sie in Kapitel 2, das sich mit dem Ablauf des Such- und Auswahlprozesses beschäftigt.

Keine 08/15-Position

Der Aufsichtsrat will den Vorstandsvorsitzenden eines börsennotierten Unternehmens »auswechseln«. Allerdings sehr diskret. Denn eine verfrühte Bekanntgabe des anstehenden Führungswechsels würde, so die Befürchtung, große Unruhe innerhalb der Firma verursachen, die Aktionäre verunsichern und unter Umständen sogar das Image des Unternehmens ankratzen. All das möchte der Aufsichtsrat gerne vermeiden und wendet sich daher an eine Personalberatung.

Diese Geschichte ist ein klassisches Beispiel für die verdeckte Suche nach einem Nachfolger, wobei der aktuelle Stelleninhaber keinen blassen Schimmer davon hat oder höchstens ahnt, dass er ersetzt werden soll.

Tatsächlich entdeckt man immer häufiger auf Online-Jobportalen wie Stepstone oder Monster, aber auch im Online-Stellenmarkt von der *Süddeutschen Zeitung* oder der *Frankfurter Allgemeinen Zeitung* Stellenausschreibungen für Führungskräfte, vom Filial- oder Teamleiter über Business-Developer bis hin zum Geschäftsführer. Die Angebote stammen sowohl direkt von namhaften Firmen als auch von bekannten größeren Beratungshäusern.

Klar, kann man so machen, als Unternehmen ebenso wie als Personalberatung, vorausgesetzt, die Geheimhaltung hat in dem Fall keinen allzu hohen Stellenwert. Davon gehe ich einfach mal aus, alles andere könnte man am ehesten mit dem Attribut »stümperhaft« beschreiben. Aber ist diese Methode bei Besetzungen auf der höheren Managementebene wirklich zielführend? Ich persönlich bin der Ansicht, dass sich damit höchstens Zufallstreffer unter den extrem Wechselwilligen erzielen lassen. Hier melden sich Kandidaten schließlich von sich aus auf ein Stellenangebot. Das lässt demnach stark vermuten, dass sie in ihrer bisherigen Anstellung unzufrieden oder sogar schon arbeitslos sind, da sie sich bereits auf Jobportalen nach neuen Möglichkeiten umsehen und die Anzeigen im Stellenmarkt aktiv durchforsten.

Manche Personalberatungen setzen in der Tat auf einen Mix aus direkter Ansprache und Stellenanzeigen. Ich frage mich hingegen: Warum sollte ein Topmanager, um den sich viele Firmen regelrecht reißen, eine Bewerbung nach dem Motto »Ich bin ein Topmanager – holt mich hier raus!« verfassen? Ab einem gewissen Level sind Stellenbesetzungen einfach nicht mehr auf klassischem Wege per Ausschreibung möglich. Das gilt vor allem dann, wenn für eine Position nur besonders qualifizierte, hochkarätige Spitzenmanager infrage kommen: Je spezieller, desto unwahrscheinlicher ist es, dass sie auf klassische Art und Weise angesprochen werden können. Je höher auf der Karriereleiter sich die Kandidaten befinden, desto unwahrscheinlicher ist es zudem, dass sie sich aktiv auf einen frei werdenden Posten bewerben.

Warum finden sich aber in den Stellenmärkten dann überhaupt Ausschreibungen für Vorstände und Geschäftsführer? Wenn Sie eine solche Anzeige sehen, können Sie davon ausgehen, dass es sich dabei oft um eine Position mit einem Jahresnettogehalt zwischen 80 000 und 150 000 Euro handelt – und in dieser »Preisklasse« tummelt sich die Champions League der Headhunting-Szene nicht. Es gilt: Je bedeutender ein Job ist, desto seltener taucht er in öffentlich zugänglichen Stellenausschreibungen auf. Ebenso gilt: Die internationalen großen Personalberatungshäuser und die Boutiquen der Szene (mehr dazu im Abschnitt »*Welcher Headhunter soll's denn sein?*«) sprechen Kandidaten für Spitzenpositionen in der Regel direkt an; das nennt sich im Fachjargon »Direct Search«. Auf diesem Level werden also so gut wie keine Anzeigen mehr geschaltet, weil das überhaupt keinen Erfolg verspricht – jedenfalls nicht, wenn man an den Besten ihres Fachs interessiert ist.

Es wäre schon großes Glück, wenn eine Spitzenführungskraft, die im Grunde zufrieden mit ihrer aktuellen Anstellung ist, über eine solche Anzeige stolpert und sich dann auch noch von sich aus meldet. Meiner Erfahrung nach brauchen derartige Topleute einen leichten Schubs im Sinne einer anderen Perspektive, die den neuen Job und damit einen Wechsel für sie überhaupt erst attraktiv macht (mehr dazu in Kapitel 2, »*Follow-up: Den geeigneten Köder auswerfen*«). Das kann keine Stellenanzeige der Welt leisten, das funktioniert nur im persönlichen Gespräch. Demnach ist nur die Direktansprache interessanter Kandidaten wirklich erfolgversprechend – und darauf sind Top-Headhunter schließlich spezialisiert!

Besondere Kenntnisse und Fähigkeiten

Das mittelständische Luft- und Raumfahrtunternehmen aus Bayern ist sich bewusst, dass die Suche nach einem geeigneten Kandidaten knifflig wird, weil für den Posten als Vice President Qualitätssicherung unter anderem bestimmte Kompetenzen erforderlich sind, die vermutlich nur wenige Kandidaten gut genug beherrschen.

Das bedeutet, die Suche nach potenziellen Kandidaten ist aller Voraussicht nach zeitaufwändig, und niemand in der Personalabteilung weiß so recht, wo man am besten beginnen sollte. Mit Initiativbewerbungen und herkömmlichen Stellenausschreibungen auf der Internetseite des Unternehmens und in den sozialen Medien kennen sich die Mitarbeiter gut aus. Aber wie um Himmels willen spricht man Leute aus dem Nichts an – und dann auch noch bei der Konkurrenz? Nein, das ist selbst dem Personalchef zu heikel. Das geht höchstwahrscheinlich ins Auge. Um das zu vermeiden, vertraut er lieber auf die diskrete Hilfestellung einer Personalberatung.

Das Anforderungsprofil für geeignete Kandidaten ist im Grunde klar. Doch die Preisfrage lautet nun: Wo sind solche besonderen Talente überhaupt zu finden? Gerade bei engen Märkten und speziellen Nischenqualifikationen ist mit hoher Wahrscheinlichkeit anzunehmen, dass die gesuchten Talente nicht auf dem freien, sondern nur auf dem verdeckten Arbeitsmarkt verfügbar sind. Sie »verstecken« sich also an ihrem derzeitigen Arbeitsplatz und müssen hervor- und weggelockt werden. Interessante Kandidaten stehen demnach erstens nur indirekt und zweitens nur in begrenzter Anzahl zur Verfügung. Nicht selten sind Personalabteilungen in solchen Fällen bei der eigenhändigen Suche nach und Ansprache von passenden Kandidaten überfordert.

Ein Personalberater beziehungsweise ein Researcher (mehr zu dessen Aufgaben in Kapitel 2, »*Research: Eine wichtige Säule der Personalberatung*«) kann sich hingegen schnell und diskret einen Überblick über eine Branche verschaffen und bei Bedarf auch in angrenzenden Bereichen Kandidaten identifizieren, die sich ebenso gut für die ausgeschriebene Funktion eignen und die das Unternehmen womöglich überhaupt nicht auf dem Schirm hat. So vergrößert sich der Pool potenzieller Kandidaten und die Trefferquote erhöht sich – zwar nicht automatisch und nicht immer, aber oft genug lohnt sich der Blick über den Tellerrand. Über sein gut gepflegtes Netzwerk bekommt der Headhunter zudem frühzeitig Signale, wer interessiert oder generell wechselwillig sein könnte, bei welchen Firmen wichtige Aufstiegschancen versperrt sind und wo potenzielle Interessenten in Warteposition sitzen. Er weiß auch, wo und wie er dezent Hinweise fallen lassen kann, ohne dass die Konkurrenz des Auftraggebers weiß, woher der Wind weht. Damit hat er schließlich in der Regel jahrelange Erfahrung.

Besondere Unternehmenssituationen

Der Markt hat sich gedreht und der Großkonzern aus der Gesundheitsbranche droht den Anschluss zu verlieren. Jetzt heißt es schnell handeln! Gesucht sind als CEO und als dessen Head of Program Office vor allen Dingen Leute, welche die bevorstehenden disruptiven Veränderungen mittragen und/oder antreiben können. Sie sollten in der Lage sein, funktionierende Geschäftsmodelle abzuleiten, die das Unternehmen weiter voranbringen. Nur so lässt sich ein Vorsprung wieder erringen, halten und im besten Fall ausbauen.

Managern und Personalverantwortlichen fehlt in vielen Fällen der Überblick – auch wenn manche von ihnen diesbezüglich völlig anderer Meinung sind. Sie haben keine Ahnung, welcher Problemlöser bei der Konkurrenz gerade wechselbereit sein könnte. Manchmal wissen sie noch nicht einmal ganz genau, welche Art von Problemlöser sie überhaupt brauchen (mehr dazu in Kapitel 2, »*Problemlöser-ABC*«), egal ob es um neu zu erschließende Märkte, eine bald unumgängliche Sanierung oder eine andere Notlage des Unternehmens geht. Sie wissen lediglich, dass es so wie bisher nicht weitergehen kann, und sehen ihre Zukunftsfähigkeit bedroht. Immerhin! Bei intern bisher unbekannten oder völlig neu entstehenden Spezialthemen wie zum Beispiel Industrie 4.0, künstliche Intelligenz oder Digitalisierung haben die Entscheider in den Unternehmen zudem mitunter Schwierigkeiten, die dafür nötigen Kompetenz möglicher Kandidaten richtig einzuschätzen.

Personalberater profitieren dagegen von ihrer langjährigen Erfahrung im Umgang mit Spitzenkräften und besten Kontakten, einer gut gepflegten Datenbank und einem engen Beziehungsnetz in verschiedenste Branchen. Und sie wissen, wie sie sich schnellstmöglich und professionell neue, wertvolle Kontakte aufbauen, wenn sie etwa in einer fremden Branche unterwegs sind oder einen ganz speziellen Fall zu lösen haben.

Erfolglose Besetzungsversuche

Nicht einmal ganze drei Monate hat der neue Head of Finance durchgehalten, bevor er frustriert das Handtuch geschmissen hat. Sein Vorgänger hat zumindest ein knappes Jahr geschafft! In der Vergangenheit gab es auf diesem Posten bereits ein reges Kommen und Gehen und dem Vorstand reicht es jetzt endgültig. Die Position soll nun endlich langfristig und nachhaltig besetzt werden – und er beauftragt daher einen Personalberater, auf dessen Expertise er vertraut.

Manche Firmen haben aufgrund von schlechten Erfahrungen Angst vor einer Fehlbesetzung. Zu Recht, denn neben schlechten Ergebnissen und negativer Publicity sorgt die falsche Person in der Führungsetage mitunter für Aufruhr in der Belegschaft und gegebenenfalls auch bei den Aktionären. Muss sie gar wieder ausgetauscht werden, belastet die Vakanz nach der selten einvernehmlichen Trennung die Firmenkasse spürbar, wie ich bereits im Abschnitt »*Der Faktor Zeit*« ausgeführt habe. Teuer für das eigene Unternehmen!

Ein versierter Personalberater nimmt eine gründliche erste Überprüfung und Vorauswahl vor, bevor er dem Auftraggeber Profile von potenziellen Problemlösern vorstellt. Damit reduziert sich das Risiko einer Fehlbesetzung – vorausgesetzt, das Briefing war passgenau, versteht sich (mehr dazu in Kapitel 2, »*Gemeinsamer Startschuss: Von Anforderungen und Voraussetzungen*«). Eine Erfolgsgarantie kann jedoch selbst der allerbeste Personalberater nicht geben. Es liegt nämlich zu großen Teilen in der Verantwortung des auftraggebenden Unternehmens, den »Neuen« einen guten Einstieg zu ermöglichen, statt sie einfach ins kalte Wasser zu stoßen. Sicher ist es unnötig, eine Spitzenführungskraft bei allem an die Hand zu nehmen, aber eine gelungene Einführung in die Unternehmenskultur ist schon einmal ein Anfang, damit sich neue Topmanager in die Firma eingebunden fühlen und sich gut einleben können. Darauf sollten so einige Unternehmen meiner Meinung nach mehr Wert legen.

Vielfältige Ausgangssituationen, identisches Ziel

Wie Sie sehen, überlappen die Schilderungen der Ausgangslage bei den Auftraggebern oft in gewissen Punkten. Und das war auch nur eine kleine Auswahl der »Bauchschmerzen«, mit denen Unternehmen bei einem Personalberater aufschlagen. Der Ansatz »One size fits all« ist angesichts dieser Vielfalt logischerweise fehl am Platz. Klar ist, dass für die unterschiedlichen Problemstellungen bestimmte Kandidaten eher infrage kommen als andere. Mit anderen Worten: Jedes Unternehmen braucht einen bestimmten Problemlöser mit speziellen Eigenschaften. Diesen gilt es ausfindig zu machen. Ein besonders interessanter Aspekt: Entgegen der landläufigen Meinung spielt die Branche bei den meisten Besetzungen in Spitzenpositionen eher eine untergeordnete Rolle. Doch dazu mehr in Kapitel 4, »*Lösungsorientierte Suche nach Personal*«.

Im Großen und Ganzen müssen Unternehmen und Personalberater meiner Erfahrung nach heute mehr denn je Hand in Hand arbeiten und zudem in der Regel größere Geschütze auffahren, um geeignete Kandidaten zu suchen und zu finden, anschließend zu »bezirzen« und letztlich zu einem Jobwechsel zu bewegen.

Welcher Headhunter soll's denn sein?

Es gibt also viele gute Gründe für ein Unternehmen, mit einem Personalberater zusammenzuarbeiten. Doch sobald klar ist, dass Hilfe bei der Suche und Rekrutierung vielversprechender Kandidaten nötig ist, folgt die Qual der Wahl: Welcher der vielen Personalberater soll's denn sein? Internationales Beratungshaus oder Boutique, Branchenspezialist oder Generalist?

Headhunting-Branche in Zahlen

Laut der Studie »Personalberatung in Deutschland 2016/2017« des Bunds Deutscher Unternehmensberater, kurz BDU, geht es den Personalberatern in der Bundesrepublik recht gut: Der Umsatz in der Branche lag im Jahr 2016 knapp unter der 2-Milliarden-Euro-Marke, im Vorjahr waren es noch rund 1,8 Milliarden. Da kann man nicht meckern. Das Befinden der Headhunting-Branche hängt natürlich eng mit den allgemeinen Entwicklungen in der Wirtschaft und auf dem Arbeitsmarkt zusammen. Das bedeutet: Wenn es den Unternehmen gut geht und sie deswegen mehr Personal einstellen, werden logischerweise auch Headhunter verstärkt gebraucht.

So wurden laut BDU im Jahr 2016 deutschlandweit rund 62 500 Führungs- und Expertenpositionen mithilfe von Headhuntern besetzt, wobei das durchschnittliche Jahresnettoeinkommen der Kandidaten bei 150 000 Euro lag. Bis eine Stelle vergeben war, vergingen in der Regel rund zwölf Wochen. Hierzu kann ich gleich einschränkend sagen: Man kann keine allgemeingültige Aussage treffen, wie lange es vom ersten Briefing-Gespräch bis zur Unterzeichnung des Arbeitsvertrags dauert, nicht einmal ansatzweise. Manchmal geht es bei der Suche nach geeigneten Kandidaten sehr fix, manchmal aber auch extrem langsam voran. Und die endgültige Entscheidung für oder gegen einen Interessenten fällt auch im auftraggebenden Unternehmen nicht immer ganz so flott, wie man sich das als Personalberater vielleicht wünschen würde. Aber darauf komme ich im Laufe der nächsten Kapitel noch genauer zu sprechen.

Die gute wirtschaftliche Lage macht Personalberatungen offenbar Lust, selbst personell in die Zukunft zu investieren: Im Jahr 2016 zählte der BDU rund 2 000 Personalberatungsunternehmen mit 7 100 Personalberatern und 3 500 festangestellten Researchern, die den Headhuntern bei der Identifizierung von Zielfirmen und -personen helfen (mehr dazu in Kapitel 2, »Marktanalyse: Die Branche abklopfen«). Laut der Studie planen drei Viertel der großen Personalberatungen, zusätzliche Headhunter einzustellen, und rund die Hälfte spielt mit dem Gedanken, mehr Researcher einzustellen; die mittelgroßen Personalberatungen wollen demnach vor allem in die Erweiterung ihrer Research-Teams investieren.[3]

Verschiedene Unterscheidungsmerkmale

Geht man rein nach den Umsatzzahlen (die längst nicht alle Beratungsunternehmen preisgeben), belegen die großen, international agierenden Personalberatungen die Spitzenplätze: Das sind die hiesigen »Ableger« der amerikanischen Beratungshäuser Korn/Ferry, Spencer Stuart, Russell Reynolds, Heidrick & Struggles, Odgers & Berndtson und Boyden International sowie Egon Zehnder, das seinen Hauptsitz in der Schweiz hat.

Ein anderes Unterscheidungsmerkmal ist das Betätigungsfeld oder die Angebotspalette. Die *Wirtschaftswoche* erstellt immer wieder einmal ein Ranking der deutschen Personalberatungen, das bestimmt so manche Auftraggeber als Informationsquelle nutzen.[4] Zu den Generalisten, die in allen Märkten und für alle möglichen Kunden nach neuen Spitzenkräften suchen, gehören unter anderem große Beratungshäuser wie Egon Zehnder oder Russell Reynolds sowie mittelgroße, aber auch lokale Boutiquen, zu denen ich unter anderem zum Beispiel mein eigenes Beratungsunternehmen Xellento zähle. Darüber hinaus tummeln sich zahlreiche Einzelkämpfer in der Personalberatungsszene, die vielleicht nur einen oder wenige Kunden betreuen.

Daneben gibt es eine Reihe von Personalberatungen, die sich auf bestimmte Branchen spezialisiert haben, etwa auf die Automobilbranche oder Konsumgüterindustrie, den Maschinen- und Anlagenbau, den Immobiliensektor, die Energiebranche oder den Bereich Chemie, Pharma und Gesundheit. Manche von ihnen konzentrieren sich (auch) ausschließlich auf bestimmte Hierarchieebenen, Berufsgruppen oder Funktionen.

Die meisten Personalberatungen segmentieren zudem nach Gehaltsstufen – das heißt, sie treten erst ab einem bestimmten Mindestjahresgehalt des gesuchten Kandidaten in Aktion: Manche kümmern sich erst ab 450 000 Euro Jahresnettogehalt aufwärts um das Auffinden aussichtsreicher Spitzenmanager, andere beginnen schon ab einem Jahresnettoeinkommen in Höhe von 150 000 Euro mit der Suche und wieder andere übernehmen die Suche nach Fach- und Führungskräften auf den unteren Ebenen.

Nach all diesen Kriterien kann man Personalberatungen zunächst einmal grob unterscheiden und sortieren, wenn man denn möchte. Allerdings ist dies alles für sich gesehen noch kein Qualitätsmerkmal. Überlegen Sie mal, wer ist nun »besser geeignet«: Der Einzelkämpfer, weil er immer vollen Einsatz zeigen muss? Der Branchenspezialist, weil er sich auf bestimmte Berufsgruppen festlegt? Oder der internationale Player, weil er mit einem ganzen Bataillon an Personalberatern an den Start gehen kann? Selbst ich kann Ihnen darauf auch keine erschöpfende, geschweige denn allgemeingültige Antwort geben. Meine Kollegen vermutlich ebenso wenig. Warum ein zu enger Fokus auf eine einzige Branche aber problematisch sein kann und mit welchen Nachteilen ein großes Beratungshaus mitunter zu kämpfen hat, erfahren Sie in Kapitel 4.

Weiterempfehlung und Referenzen

Viele Firmen vertrauen bei der Wahl eines Personalberaters auf frühere gute Erfahrungen. Das bedeutet, sie haben schon mit einem bestimmten Headhunter oder Beratungshaus zusammengearbeitet und platzieren deswegen erneut einen Auftrag dort. Verständlich, wobei dieses Vorgehen mitunter auch Vetternwirtschaft vermuten lässt – die Deutschland-AG lässt grüßen. Mehr dazu erfahren Sie in Kapitel 4.

Fehlt diese Vorerfahrung, weil beispielsweise erstmalig Hilfe bei der Personalbeschaffung vonnöten ist, hören sich die meisten Auftraggeber um und lassen sich jemanden empfehlen. Der Vorteil von Empfehlungen und Referenzen liegt auf der Hand. Wir kennen es allzu gut aus dem Alltag: Egal ob Sie einen speziellen Arzt, einen modischen Friseur, ein gutes Restaurant, einen glaubwürdigen Versicherungsmakler oder einen sonstigen Spezialisten suchen, können Sie sich natürlich einfach die Gelben Seiten vornehmen, die entsprechende Seite aufschlagen, mit geschlossenen Augen irgendwohin tippen und anschließend das Beste hoffen. Oder – etwas moderner und medienaffiner – Sie fragen Google um Rat und picken sich einen x-beliebigen Dienstleister aus der Ergebnisliste heraus. Auf Bewertungsportale im Internet könnten Sie ebenfalls zurückgreifen, wissen aber nie hundertprozentig sicher, wie viele der Lobhudeleien dort womöglich nicht so ganz den Tatsachen entsprechen. Erfolg ist und bleibt hierbei Glückssache!

Mit anderen Worten: Sie sind besser beraten und erhöhen die Chance erheblich, einen wirklich fähigen Problemlöser ausfindig zu machen, indem Sie jemanden aus Ihrem Bekanntenkreis nach einer persönlichen Empfehlung fragen. Es ist ja davon auszugehen, dass Sie von einem Freund eine ehrliche Auskunft und einen ungeschönten Erfahrungsbericht bekommen. Gleiches gilt auch in der Personalberatung.

Es gibt aber noch ganz andere, eher persönliche oder politische Beweggründe, einen speziellen Headhunter auszuwählen oder ein bestimmtes Personalberatungshaus zu engagieren. Mehr darüber erfahren Sie in Kapitel 4.

Wie Personalberater bezahlt werden

Wie Sie sich sicherlich vorstellen können, arbeiten Personalberater nicht aus Jux und Tollerei, sondern lassen sich ihre Dienste bezahlen. Dabei lassen sich verschiedene Honorarmodelle unterscheiden. Doch erst einmal zur allerwichtigsten Frage, die Ihnen vermutlich bereits unter den Nägeln brennt: Was kostet der Spaß eigentlich?

In der Regel bekommt ein Top-Headhunter, der Führungspositionen besetzt, über den Daumen gepeilt ein Drittel des Jahresnettogehalts des Kandidaten als Honorar: Bei mehr als der Hälfte der Personalberatungen orientierten sich laut der bereits genannten BDU-Studie »Personalberatung in Deutschland 2016/2017« die Honorare am Zieleinkommen der Kandidaten, im Schnitt erhielten sie 25,6 Prozent des Jahresnettogehalts.[5] Dieser Betrag wird – je nach Vereinbarung – in mehreren Tranchen ausbezahlt, üblicherweise drei oder vier.

Bei einer Drittel-Regelung wird das erste Drittel des Honorars bei Auftragserteilung fällig und deckt die ersten anfallenden Kosten im Suchprozess. Das zweite Drittel ist dann erst bei der Präsentation der vielversprechendsten Kandidaten im Unternehmen fällig. (Wie der Such- und Auswahlprozess genau abläuft, erfahren Sie in Kapitel 2.) Der Restbetrag wird gezahlt, wenn sich Arbeitgeber und Kandidat einig sind und beide Parteien den Arbeitsvertrag unterzeichnen. Dieser Teil des Honorars würde dem Personalberater demnach durch die Lappen gehen, sollte der Besetzungsprozess kurz vor Schluss scheitern. Demzufolge ist der Headhunter daran interessiert, dass am Ende ein unterschriebener Vertrag herauskommt. Allerdings kann er in so manchen Fällen gar nichts dafür, dass eine Besetzung nicht erfolgt. Was im Laufe des Recruiting-Prozesses so alles dazwischenkommen oder schiefgehen kann, erfahren Sie noch ausführlich in Kapitel 3 und 4.

Sind vier Tranchen vereinbart, ist das erste Viertel in der Regel bei Auftragserteilung fällig. Die weiteren Teile werden jeweils nach 30, 60 und 90 Tagen in Rechnung gestellt. Das ist meiner Meinung nach ein ziemlich klares und damit für die Auftraggeber gut nachvollziehbares Honorarmodell.

So manche Personalberatung legt als Berechnungsgrundlage auch den Aufwand und Schwierigkeitsgrad der Suche zugrunde und abgerechnet wird dementsprechend nach vereinbarten Tages- oder Stundensätzen. Ich persönlich finde das für den Auftraggeber zu intransparent und demzufolge schwer kalkulierbar.

Es gibt noch ein weiteres Honorarmodell, nämlich das rein erfolgsbasierte. Hier bekommt der Personalberater nur bei einer erfolgreichen Besetzung Geld. Das ist der Wunschtraum so manchen Auftraggebers und dieses Honorarmodell mag auf den ersten Blick sehr attraktiv erscheinen. Doch ist es für eine seriöse Personalberatung schwer oder gar nicht möglich, auf dieser Grundlage vernünftig zu arbeiten, schon gar nicht bei komplexen Suchaufträgen (mehr dazu in Kapitel 3, »Sparfüchse am Werk«). Im Grunde können auf diese Art und Weise nur reine Personalvermittler arbeiten, die massenhaft Stellen in kürzester Zeit besetzen und dabei – wenn überhaupt – Lebensläufe checken. Sofern Quantität vor Qualität geht, kann man das machen. Man sollte sich aber bewusst sein, was diese Vorgehensweise unter dem Strich bedeutet: dass sie in der Regel schmerzhafte Kompromisse auf Auftraggeberseite erfordert. Auf den idealen Kandidaten darf man dann eben einfach nur hoffen.

Wie Personalberater gestrickt sind

Eine wichtige Tatsache möchte ich an dieser Stelle gleich vorausschicken: Personalberatung ist sozusagen eine »selbst erfundene« Branche, ähnlich wie der Beruf des Börsenmaklers. Es gibt dafür keinen Ausbildungsberuf und es gibt auch kein Studium, das in irgendeiner Form dafür qualifizieren würde. Das heißt: Jeder, der meint, er will sich eine Visitenkarte mit der Aufschrift »Personalberater« drucken lassen, eine passende Internetseite gestalten und für sich werben, kann das gerne tun – und ab sofort ist er Personalberater. Das bedeutet aber auch: Nicht überall, wo Personalberater draufsteht, ist auch wirklich Expertise drin.

Das eigene Selbstverständnis – auch von Personalberatern – ist naturgemäß subjektiv. Dennoch gibt es in meinen Augen einige Kriterien, die einen seriösen Headhunter ausmachen und ihn von Scharlatanen und schwarzen Schafen, die es in so ziemlich jeder Branche gibt, unterscheiden. Daher möchte ich im Folgenden ein paar Aspekte ansprechen, die für mich persönlich entscheidend dafür sind, dass ein Personalberater gute Arbeit für alle Beteiligten leisten kann. Dazu zählen auch Verhaltens- und Arbeitsweisen, die sich über die Jahre im Such- und Auswahlprozess bewährt haben. Es ist sozusagen mein persönliches Gütesiegel. Wenn Headhunter zumindest diese Voraussetzungen erfüllen, zählen sie zu den Seriöseren in der Branche.

Trotz der teilweise recht hohen Investition fällt mir immer wieder auf, dass viele Unternehmen bei der Entscheidung für eine Personalberatung nicht sonderlich sorgfältig oder durchdacht vorgehen. Oftmals wird – so scheint es jedenfalls – mehr Zeit investiert, um die richtige Büroausstattung passend zur Wandfarbe auszusuchen, als den Headhunter der Wahl auf Herz und Nieren zu prüfen. Die Auswahl erfolgt demnach mehr oder weniger nach dem Zufallsprinzip, wird aufgrund von Äußerlichkeiten wie Größe oder Umsatz getroffen oder hat persönliche oder unternehmenspolitische Gründe (mehr dazu in Kapitel 4).

Bei einer Empfehlung können im Gespräch über die infrage kommende Personalberatung gegebenenfalls folgende Fragen geklärt werden, die zur besseren Einschätzung dienen:[6]

- Ist klar, welche Qualitäten der Headhunter einbringt?
- Ist der Personalberater auf einen Bereich spezialisiert?
- Hat er hochkarätige und langjährige Verbindungen?
- Lassen sich persönliche Referenzen über ihn einholen?
- Arbeitet er nach einem festgelegten Schema oder eher intuitiv?

Ich frage mich auch häufig: Warum werden in unserem Kulturraum eigentlich so gerne die Ableger amerikanischer Personalberatungshäuser bevorzugt? Wie Sie wissen, finden sich unter den umsatzstärksten Personalberatungen viele mit amerikanischen Wurzeln. Warum sind sie für die hiesigen Unternehmen so attraktiv? Gut, sicherlich macht die schiere Größe schon gehörig Eindruck, denn eine Vielzahl von Beratern suggeriert natürlich viele Kontakte und ein weitreichendes Netzwerk. Das kann bei der Suche doch nur von Vorteil sein, oder?

Das Problem, das nicht nur ich dabei sehe: Je größer die Maschinerie wird, desto hungriger wird dieses selbst erschaffene »Monster«. Im Klartext: Der Druck, Aufträge an Land zu ziehen, nimmt immer weiter zu und der Hang zu überbordender Bürokratie, den große Unternehmen oft entwickeln, ist die Kehrseite der Medaille. Das kommt nicht bei allen Auftraggebern und Kandidaten gut an, denn unter Umständen leidet darunter die Qualität.

Augenhöhe statt Branchenexpertise

Ein Personalberater sollte meiner Ansicht nach einen betriebswirtschaftlichen Hintergrund welcher Art auch immer haben. Er kann Betriebswirtschafts- oder Volkswirtschaftslehre studiert haben, er kann in Managementpositionen bei den unterschiedlichsten Unternehmen gearbeitet haben, er kann Unternehmensgründer gewesen sein und ein

Start-up zum Erfolg geführt haben – ganz egal. Hauptsache, er kennt sich mit den entscheidenden wirtschaftlichen Zusammenhängen in Theorie und Praxis aus.

Ich würde nicht sagen, dass ein Personalberater zwingend in einer ganz speziellen Branche fit sein muss, was einige meiner Kollegen sicher anders sehen. Für mich gilt: Funktion sticht Branche – egal ob bei einer Besetzung (mehr dazu in Kapitel 4, »*Lösungsorientierte Suche nach Personal*«) oder im Hinblick auf die Qualifikation eines Personalberaters: Ein Headhunter muss natürlich wissen, wie der Hase im Geschäftsleben läuft, welche Spitzenposition welche Aufgaben hat, welche Typen als Problemlöser dafür infrage kommen. Er muss sich aber auch in unbekannte Branchen schnell einarbeiten können, wobei ihn ein gut aufgestelltes Research-Team tatkräftig unterstützen kann (mehr dazu in Kapitel 2, »*Marktanalyse: Die Branche abklopfen*«).

Kurzum: Ein Personalberater muss wissen, was er tut und was der Kunde braucht. Was der Headhunter dafür idealerweise genießt, ist das Vertrauen seines Auftraggebers. Ebenfalls wichtig sind Offenheit und Zusammenarbeit auf Augenhöhe. Da wir jedoch nicht in einer perfekten Welt leben, werden diese idealen Anforderungen leider nur selten uneingeschränkt erfüllt. Zu welchen Problemen dies führen kann, erfahren Sie in Kapitel 3.

Diskretion statt großer Klappe

Ich habe schon von Personalberatungen gehört, die ohne weitere Rücksprache anonymisierte Profile von Kandidaten verschicken, nur weil sie diese in ihrer Datenbank führen. Unfassbar! Das ist in meinen Augen ein absolutes No-Go. Sowohl der Auftraggeber als auch der potenzielle Kandidat haben ein Anrecht auf ein hohes Maß an Diskretion. Genauso wie ein guter Headhunter die Identität seines Auftraggebers geheim hält, ist er verpflichtet, mit den persönlichen Daten der Kandidaten seriös umzugehen. Plappermäuler und Stümper sind in diesem Metier absolut fehl am Platz!

Ein Personalberater muss alles in allem eine zugängliche, kontaktfreudige Person sein, die gleichzeitig Vertrauenswürdigkeit und Integrität ausstrahlt. Nur so kann die nötige Vertrauensbasis entstehen, damit Auftraggeber und Kandidaten sich bei ihm wohlfühlen und sich ihm öffnen.

Achtung, Abwerbung!

Es liegt in der Natur der Sache, dass ein Headhunter Kontakt zu vielen Spitzenkräften eines Unternehmens hat, in dessen Auftrag er geeignete Kandidaten für eine zu besetzende Stelle sucht. Kein Wunder, dass viele Auftraggeber Bedenken haben, dass ein Personalberater womöglich dieses Insiderwissen ausnutzt, indem er gleich im Anschluss an eine erfolgreiche Besetzung die hellsten Köpfe im Unternehmen anspricht und für einen neuen Auftraggeber abzuwerben versucht.

Diesen Befürchtungen lässt sich mit einer bestimmten Vertragsklausel entgegenwirken. Bei einer sogenannten Off-Limits-Regelung (andere sprechen auch von No-Touch-Regelung) steht im Vertrag mit dem Headhunter ein Paragraf, der in Musterverträgen ungefähr so lautet: »Der Auftragnehmer verpflichtet sich, für die Dauer von zwei Jahren nach Vertragsende kein Personal aus den Reihen des Auftraggebers für andere Klienten anzusprechen, abzuwerben oder sonstige Vorteile aus Informationen zu ziehen, die er durch seine Tätigkeit für den Auftraggeber erhalten hat.« Im Klartext: Die Mitarbeiter des Unternehmens sind für zwei Jahre tabu. Auf diese Weise können Auftraggeber ihre eigenen Spitzenkräfte vor einer Abwerbung durch den Headhunter bewahren.

Meiner Meinung nach kann diese Klausel als vertrauensfördernde Maßnahme gerne im Vertrag stehen, wenn es dem Auftraggeber wichtig ist – als wirklich notwendig sehe ich sie nicht an. Diskretion und Zurückhaltung gehören schlichtweg zum Selbstverständnis und zum Verhaltenskodex. Und ein seriöser Personalberater ist ohnehin nicht auf seinen eigenen Vorteil bedacht.

Doch je größer das Personalberatungshaus ist, desto spezifischer wird in der Regel die Off-Limits-Regelung formuliert, und ihre schützende Wirkung schwindet dadurch zunehmend: Das heißt, die Personalberatung schränkt den Schutzbereich vertraglich durch sehr spezifische Formulierungen ein – was im Grunde nachvollziehbar ist, da sie sich sonst selbst ihre Geschäftsgrundlage entziehen würde. Ich vermute, vielen Auftraggebern ist das gar nicht bewusst, und mal ganz davon abgesehen wollen sie ja auch mit bestimmten Beratungshäusern langfristig zusammenarbeiten. Also gilt am Ende: Solange sich keiner beschwert, geht es offenbar für alle Beteiligten in Ordnung. Mehr zu diesem Thema erfahren Sie in Kapitel 4, »*Headhunter, Seilschaften und Abhängigkeiten: Interessenkonflikte und systemimmanente Probleme*«.

Vorbereitung statt Improvisationstalent

Ein guter Personalberater versucht von vornherein, das Risiko einer Fehlbesetzung zu minimieren. Er strebt den »Perfect Fit« an. Das heißt, es liegt in seinem ureigensten Interesse, dass die Personen, die er vorstellt, auch zum Unternehmen passen. Er behält im Such- und Auswahlprozess die Interessen aller Beteiligten im Blick und hilft so dabei, die offene Stelle mit dem geeigneten Kandidaten zu besetzen.

Das geht am besten durch äußerst genaues und gleichzeitig zügiges Arbeiten, sodass sich der Besetzungsprozess nicht allzu sehr in die Länge zieht. Dazu gehört unter anderem eine penible Vorbereitung: Als Erstes muss das eigentliche Problem des Auftraggebers identifiziert werden. Seriöse Headhunter und ihre Research-Teams recherchieren sehr detailliert, wie der Markt des Auftraggebers aussieht, wer die relevanten Player sind, lassen sich Empfehlungen geben und kreisen die potenziellen Kandidaten im Vorfeld stark ein, um sicher zu sein, dass diese inhaltlich passen und auch einen Karriereschritt machen können. Das erklärte Ziel ist eine Win-win-Situation für den Auftraggeber und für den Interessenten.

Und damit ist klar: Die wichtigste Tätigkeit, nämlich die gründliche Recherche, ist meist ziemlich mühselig, zeitaufwändig und, ja, manchmal auch nervig – und überhaupt nicht so glamourös, wie sich viele die Arbeit eines Headhunters vorstellen. Aber wer als Personalberater richtig erfolgreich sein will, kann eben nicht nur in Hotellobbys herumsitzen und interessante Gespräche führen …

Selektion mit System statt Massenansprache

Gute Personalberater verfügen – zumindest für manche Branchen oder Positionen – über hochklassige Datenbanken mit Topkandidaten und pflegen persönliche Beziehungen zu Spitzenmanagern, zum Teil schon seit etlichen Jahren oder gar Jahrzehnten. Daneben setzen sie auf die selektive Direktansprache, die überaus diskret und professionell abläuft. Daraus ergibt sich eine hohe Trefferquote bei der Ansprache und eine entsprechende Akzeptanz. Massenansprachen nach der Devise »Spray and pray« gibt es bei Top-Headhuntern nicht.

Es gibt aber auch Personalberatungen, die aktiv damit werben, Kandidaten auf der Suche nach einem neuen Job zu unterstützen – inklusive Bewerbungscoaching, Karriereplanung und allem Drum und Dran. Das suchende Unternehmen ist und bleibt zwar der Auftraggeber, aber gleichzeitig begleiten sie junge Talente bei ihren ersten Schritten auf der Karriereleiter und versuchen diese High Potentials – die Topmanager von morgen, so die Hoffnung der Personalberater – durch ihre Serviceleistungen dauerhaft zu binden. Doch zum einen ist mit der Pflege dieser Vielzahl von Bewerbungen ein extremer bürokratischer Aufwand verbunden: Es müssen Unmengen von Daten erfasst und regelmäßig aktualisiert werden, sonst ist die Datenbank am Ende keinen müden Cent wert und erleichtert das Auffinden potenzieller Kandidaten kein bisschen. Zum anderen gibt es keine Garantie, dass sich ein Kandidat ausschließlich auf die »Dienste« einer einzigen Personalberatung verlässt und alle anderen Angebote ausschlägt.

Natürlich bekommen selbst Headhunter, die wie ich überwiegend Spitzenpositionen besetzen, jeden Tag massig Initiativbewerbungen von hoffnungsfrohen Menschen, die ihre Karriere voranbringen wollen oder nach einem Karriereknick nach Alternativen suchen. Damit allein ließen sich problemlos die Datenbanken füllen – allerdings eher nach dem Motto »Masse statt Klasse«. Kein Wunder, dass diese Blindbewerbungen bei der Besetzung von hoch spezialisierten und hochkarätigen Positionen im Grunde nicht die geringste Rolle spielen. Manche meiner Kollegen senden Initiativbewerbern deshalb meist noch nicht einmal eine Absage. Ein Top-Headhunter ist – das möchte ich an dieser Stelle schon klipp und klar sagen – kein Jobvermittler!

Big Picture statt Tunnelblick

Professionelle Personalberater nehmen eine erste subjektive Einschätzung und Auswahl, bevor sie ihren Auftraggebern vielversprechende Kandidaten vorstellen (mehr dazu in Kapitel 2, »Problemlöser-ABC«). Dabei fließen ein: die Vorrecherche inklusive Marktanalyse, die telefonische Direktansprache, die einen ersten Eindruck von der Person vermittelt, die Analyse des Lebenslaufs nach dem ausführlichen telefonischen Follow-up-Interview sowie die persönliche Einschätzung des Personalberaters nach dem persönlichen Treffen mit dem Interessenten.

Erst nach einem Abgleich aller Ergebnisse wird eine Auswahl der vielversprechendsten Kandidaten erstellt, die dem Auftraggeber präsentiert werden sollen – »Shortlist« genannt. Bei ihrer Einschätzung beziehen gute Personalberater auch die Familiensituation der Interessenten ein und beraten sie bei den finalen Vertragsverhandlungen ebenso professionell wie den Auftraggeber. Denn letztlich geht es nicht um die möglichst schnelle Besetzung einer Stelle, sondern um eine ebenso nachhaltige wie passgenaue. Headhunter bleiben also dran, egal was kommt – so lange, bis das Problem gelöst ist oder der Kunde den Auftrag zurückzieht, wobei Letzteres sehr selten vorkommt.

Diener zweier Herren

Der letzte Punkt führt direkt in ein Dilemma, in das ich als Personalberater regelmäßig gerate. Eigentlich ist die Sache klar: Auftraggeber eines Personalberaters sind selbstverständlich diejenigen Unternehmen, bei denen eine offene Stelle zu besetzen ist. Sie bezahlen ihn schließlich dafür, dass er sich auf die Suche nach geeigneten Kandidaten macht und in ihrem Sinne handelt. Der Personalberater ist also sozusagen der Sparringspartner von Unternehmen. Er will ihnen helfen, ihr Problem so schnell wie möglich zu lösen und den idealen Kandidaten für sie zu finden. Und manche meiner Kollegen sagen sogar knallhart: Der Kandidat zählt nichts!

Doch je enger der Kreis der »Auserwählten« für ein Vorstellungsgespräch beim auftraggebenden Unternehmen wird, desto stärker wird der Personalberater auch auf Kandidatenseite involviert: Er hat die einzelnen Personen mittlerweile durch mehrere Gespräche näher kennen gelernt und vielleicht sogar einen geheimen Favoriten auf der Shortlist, den er persönlich für den idealen Problemlöser für dieses spezielle Unternehmen hält. Natürlich würde kein seriöser Personalberater versuchen, seinen eigenen Favoriten auf Teufel komm raus »durchzudrücken«, wohl aber ein leidenschaftliches Plädoyer für ihn halten und begründen, warum er ihn für den Geeignetsten hält. Die Verbundenheit zu den Kandidaten führt jedoch nicht so weit, dass der Headhunter sich nun berufen fühlt, jedem Kandidaten den perfekten Job zu beschaffen. Im Fokus stehen immer der Auftraggeber und dessen Problem.

Dennoch: Im Laufe des Recruiting-Prozesses – und in vielen Fällen auch darüber hinaus – haben Personalberater persönlich und regelmäßig Kontakt zu den Kandidaten. Das liegt in der Natur der Sache. Sie lernen ihren beruflichen Werdegang kennen, die Familienverhältnisse ebenso wie ihre Persönlichkeit und können aus diesem Grund besser einschätzen, welchen Herausforderungen sie (schon) gewachsen sind und wo sie demzufolge in einem Unternehmen am besten zum Einsatz kommen. Networking ist in meinem Business ja viel mehr als der Austausch von Visitenkarten und ein paar höflichen Floskeln. Es geht – das kann ich gar nicht oft genug betonen – immer um Menschen, deren Hoffnungen, Träume und Wünsche, und das gilt eben für die Auftraggeber ebenso wie für die Kandidaten. Die Aufgabe des Personalberaters ist, diejenigen Menschen zusammenzubringen, deren Wunschvorstellungen in etwa deckungsgleich sind und die einfach gut zueinander passen.

Der Headhunter sitzt also gewissermaßen zwischen den Stühlen: Der Auftraggeber bezahlt die Rechnung und ist damit König Kunde, aber auch »seinen« Topkandidaten fühlt sich der Personalberater verbunden. Der Berater ist wie gesagt an einem Perfect Fit interessiert. Er will beide Seiten zufriedenstellen und versucht daher, alles zu tun, was in seiner Macht steht, um einen für alle vertretbaren Kompromiss zu finden und die Parteien zusammenzubringen.

Wer also nach sorgfältiger Überlegung einen geeigneten Headhunter ausgewählt hat, sollte dann auch so konsequent sein, dem Personalberater seiner Wahl zu vertrauen. Doch aus Erfahrung weiß ich: Das fällt nicht allen Auftraggebern leicht. So mancher verschweigt entscheidende Details, andere fühlen sich in ihrer Kompetenz beschnitten, wieder andere glauben, etwa die Anzahl der potenziellen Kandidaten oder die Marktpreise besser zu kennen oder zumindest einschätzen zu können als der Experte. Mehr zu diesen und weiteren Fehleinschätzungen und Missverständnissen in der Zusammenarbeit zwischen Headhunter und Auftraggeber erfahren Sie in Kapitel 3 und 4.

Wer dem Headhunter Konkurrenz macht

Wir schreiben das Jahr 2068. Der CEO des marktführenden Baumaschinenkonzerns ist hocherfreut: Das Geschäft boomt und die nächste Expansion steht an. Neue Märkte sollen schnellstmöglich erschlossen werden, um

Wettbewerbsvorteile zu sichern und die Konkurrenz hinter sich zu lassen. Fehlt nur noch eins: kompetentes Führungspersonal.

Nun ist der Personalleiter an der Reihe. Er loggt sich wie üblich im Portal ein und sucht sich für die Stelle zunächst das passende Grundmodell aus: A, B und C stehen zur Auswahl. Anschließend verfeinert er das Ganze mithilfe des detaillierten Anforderungsprofils. Anhand eines komplizierten Algorithmus wird nun berechnet, welche Führungskraft für die zu besetzende Position ideal ist. Der Personalleiter schaut sich die Ergebnisliste an.

»Großartig, wie viel Auswahl die haben!«, freut er sich, als er durch die Liste scrollt. Die Personalbeschaffung ist durch dieses Angebot so leicht und komfortabel geworden. Die Businesswelt hat sich in den letzten Jahren radikal gewandelt, vor allem im Bereich Personalbeschaffung ist vieles total simpel geworden! Wie das Ganze genau funktioniert, weiß der Personalleiter zwar nicht, aber im Grunde ist es ihm auch herzlich egal. Hauptsache, das Ergebnis stimmt! Und bisher hat immer alles reibungslos geklappt.

Er wählt mehrere Einträge in der Liste aus und klickt auf »Bestellen«. Das war's auch schon! Bereits am nächsten Tag werden die nagelneuen Führungskräfte geliefert, natürlich mit vollem Umtauschrecht und Geld-zurück-Garantie.

»Ach herrje, Mitarbeiter brauchen wir für den neuen Bereich ja auch noch ...«, fällt dem Personalleiter siedend heiß ein. »Die hätte ich ja fast vergessen! Wie viele waren das noch mal?« Nachdem er sich die Vorgaben erneut angesehen hat, drückt er mehrfach auf die verschiedenen HR-Buttons, die neben seinem Schreibtisch angebracht sind, um eine heterogene Mitarbeiterschar – natürlich ebenfalls über Nacht – zu generieren.

Der Personalleiter ist total begeistert von diesem tollen Zusatzservice: Es lebe das Amazon-Prime-Prinzip! Sichtlich stolz auf seine glorreiche Einzelleistung macht er für heute Schluss. Work-Life-Integration wird im Unternehmen schließlich großgeschrieben.

Diese Geschichte klingt völlig übertrieben, finden Sie? Ja, stimmt, in weiten Teilen ist dies ein Szenario, das wir in der Form – hoffentlich! – nie werden erleben müssen. Es wäre sehr bedauerlich, wenn wir Mitarbeiter und Führungskräfte eines Tages als Ware ansähen, die wir per Knopfdruck anfordern könnten und die irgendwo unseren Wünschen entsprechend kreiert oder angefertigt würden. Wobei man eine solche Haltung ansatzweise bei dem einen oder anderen Auftraggeber heute schon erahnen kann. Leider!

Wie bereits erwähnt, schreiben viele Unternehmen zu besetzende Stellen online aus und sind damit mal mehr, mal weniger erfolgreich. Bei der Suche nach geeigneten Kandidaten scheuen so manche Firmen aber offenbar keine Kosten und Mühen. Die jüngste Entwicklung in puncto Personalbeschaffung ist die Fernsehsendung *Der Traumjob* des Unternehmers Jochen Schweizer, der mittels einer Casting-Show nach einem Geschäftsführer sucht   immerhin wird ein sechsstelliges Jahresgehalt in Aussicht gestellt.[7] Klar, kann man machen. Die Zukunft wird zeigen, wie gut das funktioniert und ob eine Stelle auf diese Weise wirklich dauerhaft besetzt bleibt.

Doch auch die Digitalisierung drängt sich immer weiter in den Arbeitsbereich von Personalberatern und HR-Verantwortlichen. So ist es heutzutage nicht mehr selbstverständlich, dass ein menschliches Wesen in der Personalabteilung die stapelweisen Bewerbungen, die nach einer klassischen Stellenausschreibung oder auch initiativ eintrudeln, nach geeigneten Kandidaten durchforstet. Dies wird vertrauensvoll Algorithmen und Computerprogrammen überlassen, Stichwort Robot-Recruiting.[8] Ein paar weitere Entwicklungen, die ich hier beispielhaft zumindest kurz anreißen möchte, sind:

- Chatbots: Sie könnten zum Beispiel das Vorgespräch mit den Kandidaten übernehmen, weil sie relativ clever und treffsicher auf Standardfragen von Interessenten antworten können.[9]
- Pre-Recruiting: Hiermit selektiert man mithilfe von Big Data Kandidaten, die bislang – zumindest offiziell – noch keinen einzigen Gedanken an einen Arbeitgeberwechsel verschwendet haben. Mithilfe von Algorithmen kann man berechnen, wie zufrieden die Mitarbeiter vermutlich sind, also wie hoch die Wahrscheinlichkeit ist, dass sie wechselwillig sind.[10]
- Künstliche Intelligenzen und humanoide Roboter: Sie meistern vielleicht in Zukunft nicht nur das Erstgespräch, sondern kümmern sich um den kompletten Recruiting-Prozess: von der Absprache und Auswahl der vielversprechendsten Kandidaten bis hin zum Onboarding.[11]

All diese Technologien sind zwar noch nicht so ausgereift und ausgefeilt wie in der beschriebenen fiktiven Szene und meines Wissens sind sie bislang auch nicht flächendeckend im Einsatz, aber es gibt definitiv viele Entwicklungen in diesem Bereich – googeln Sie bei Interesse einfach einmal danach. Es steht zu vermuten, dass die Algorithmen in Zukunft noch ausgefeilter, die Suchmethoden noch präziser und die künstlichen Intelligenzen noch menschlicher wirken werden. Ich möchte an dieser Stelle gar nicht darüber diskutieren, ob dies gut oder schlecht für die Personalberatungs- und Personalbeschaffungsbranche ist. Das mag jeder für sich selbst bewerten und einschätzen. Eines ist jedoch gewiss: Die Veränderung ist im Gange und alle Beteiligten werden sich früher oder später mit dem Wandel auseinandersetzen müssen.[12]

Ist die Personalberatung tatsächlich dem Untergang geweiht? Auch das ist eine Frage, die sich nicht mit absoluter Sicherheit beantworten lässt. Ich für meinen Teil gehe davon aus, dass die Personalbeschaffung trotz ihrer technisch und emotionslos anmutenden Bezeichnung noch eine ganze Weile ein zwischenmenschlicher und damit persönlicher Akt bleiben wird. Also werden meine Headhunter-Kollegen und ich zumindest derzeit noch nicht arbeitslos.

Das wirft eine Frage auf, die Sie sich vermutlich bei der Lektüre auch schon mal gestellt haben: Wie arbeiten Headhunter eigentlich? Wie gehen Personalberater bei der Suche nach den idealen Kandidaten vor? Diesen und anderen Fragen widmet sich das nächste Kapitel.

2 GESUCHT: GEEIGNETE KANDIDATEN

Es macht mitunter einen fast mühelosen Eindruck, wie Personalberater eine überschaubare Liste mit vielversprechenden Kandidaten aus dem Hut zaubern, die zum gesuchten Anforderungsprofil passen. Auftraggeber sind davon nicht selten überrascht oder sogar ziemlich beeindruckt. Doch dahinter steckt keine Magie, sondern System. Der Such- und Auswahlprozess verläuft in mehreren Schritten und über verschiedene Etappen, wobei der Auftraggeber lange Zeit außen vor und zudem anonym bleibt.

Die Suche nach geeigneten Kandidaten folgt üblicherweise immer demselben Ablauf – auch wenn dieser an einigen Stellen meiner Ansicht nach verbesserungsfähig ist. Ideal ist anders! Immer wieder knirscht es im Prozess und insgesamt ist es in der heutigen Wirtschaftswelt und dem derzeitigen Kandidatenmarkt nicht so simpel, geeignete Zielpersonen ausfindig zu machen, die auch wirklich wechselwillig sind.

Stellen Sie sich mal vor, jemand beauftragt Sie, »einen neuen Topspieler für den Verein« zu suchen – verrät Ihnen aber nicht, für welche Sportart. Jetzt könnten Sie natürlich annehmen, dass mit hoher Wahrscheinlichkeit Fußball gemeint ist, und einfach einmal in diese Richtung mit der Suche loslegen. Auf gut Glück. Sie wissen nämlich auch nicht, welche Position eigentlich neu besetzt werden soll, denn das hat man Ihnen leider ebenso wenig gesagt. Sie raten also erneut.

Mit Ihrem vermeintlichen Topergebnis, ein paar Spitzenverteidigern, kehren Sie zurück zu Ihrem Auftraggeber und stellen fest: Schade, es ging leider um Eishockey. Oder Sie lagen rein zufällig richtig mit Fußball, aber es sollte ein neuer Stürmer her; Verteidiger gibt es genug. Sie werden mir sicher zustimmen, wenn ich behaupte: Etwas mehr Information zu Beginn der Suche wäre mehr als hilfreich gewesen und hätte das Ergebnis erheblich beeinflusst.

Ähnliches gilt bei der Personalbeschaffung: Wie soll ein Personalberater ohne detaillierte Informationen den Lebenslauf eines potenziellen Kandidaten daraufhin abklopfen, ob dieser in der Lage sein könnte, das grundlegende Problem des auftraggebenden Unternehmens zu lösen? Ein Ding der Unmöglichkeit! Selbstverständlich wissen Personalberater, in welcher Branche der Auftraggeber tätig ist. Es ist also kein komplettes Ratespiel. Trotzdem kann die Suche ohne detailliertes Briefing in eine völlig verkehrte Richtung laufen, vor allem bei Spitzenpositionen. Welche Schwierigkeiten sich daraus ergeben können, wenn nicht von Anfang an alle relevanten Tatsachen auf den Tisch kommen, erfahren Sie in Kapitel 3 und 4 genauer.

Ein Kunde, der einen Headhunter beauftragt, hat in der Regel ein sehr individuelles Problem. Und der Personalberater muss alle Aspekte dieses Problems verstehen, um geeignete Kandidaten identifizieren zu können, die als Problemlöser infrage kommen. Solange er die Ausgangssituation des Auftraggebers nicht kennt oder fehlinterpretiert, solange er das Business des Kunden nicht versteht oder nicht weiß, wo dieser im Branchen-Ranking steht – also in welcher Liga er spielt –, gleicht Headhunting einem Glücksspiel. Soll heißen: Ohne ein ausführliches Briefing müsste der Personalberater die Informationen über eine offene Stelle per Massenansprache verbreiten, was Zeit und Ressourcen kostet und in puncto Diskretion alles andere als ideal ist.

Doch das gemeinsame Ziel von Headhunter und Auftraggeber sollte sein, schon in der ersten Vorstellungsrunde möglichst viele Volltreffer in der engeren Auswahl zu haben. Ein fundiertes Briefing ist daher das A und O!

Gemeinsamer Startschuss: Von Anforderungen und Voraussetzungen

Ein Unternehmen hat sich aus einem der vielzähligen Gründe, die Sie in Kapitel 1 kennen gelernt haben, entschlossen, einen Personalberater mit der Suche nach geeigneten Kandidaten für eine zu besetzende Stelle zu beauftragen. Auch die Entscheidung für einen ganz bestimmten Headhunter ist bereits gefallen. Wobei ich aus Erfahrung einschränkend sagen muss: Nicht alle Auftraggeber legen sich von vornherein auf einen einzigen Personalberater fest. Doch darüber erzähle ich Ihnen in Kapitel 3, im Abschnitt »Viele Köche verderben den Brei«, mehr.

Also, wie geht es nun weiter? Als Erstes steht ein gemeinsamer Termin der Entscheider im Unternehmen mit dem Personalberater an. Das erklärte Ziel lautet: das Problem des Kunden genauer einkreisen. Daneben geht es natürlich manchmal auch um ein gegenseitiges Kennenlernen, sofern es sich um die erste Zusammenarbeit handelt. Bei diesem Termin haben die Auftraggeber – zumindest rein theoretisch – die Gelegenheit, den Headhunter mit allen nur erdenklichen Fragen zu löchern und sich den Such- und Auswahlprozess sowie den Ablauf erklären zu lassen. Es ist meiner Ansicht nach für den Personalberater immer sinnvoll, seine Arbeitsweise grob zu erläutern, vor allem wenn Unternehmen in der Vergangenheit schlechte Erfahrungen mit einer Personalberatung gesammelt haben oder sich zum ersten Mal Hilfe beim Recruiting-Prozess holen.

Der Personalberater verschafft sich bei diesem Termin gegebenenfalls einen ersten Eindruck von dem Unternehmen und den Verantwortlichen dort. Mir persönlich – und vermutlich auch den meisten meiner Kollegen – ist es am liebsten, wenn es einen einzigen Entscheider im Besetzungsprozess gibt. Doch erfahrungsgemäß haben, gerade in größeren Unternehmen, mehrere Leute bei der Stellenbesetzung ein Wörtchen mitzureden – oder glauben das zumindest. In dem Fall muss der Personalberater herausfinden, ob die Beteiligten an einem Strang ziehen (das ist der seltene Idealfall) oder ob jeder Einzelne eigene Vorstellungen und Bedürfnisse hat, die er durchsetzen möchte (das ist menschlich und damit die Regel). Hier braucht es Fingerspitzengefühl und Empathie, um sich in den Blickwinkel der Entscheider hineinzuversetzen. Das ist wichtig, um mögliche Startschwierigkeiten aufgrund unterschiedlicher Ansichten in puncto Stellenbesetzung schon sehr früh zu erkennen und ihnen entgegenzuwirken. Das gelingt nicht immer, und so manche Stelle bleibt aufgrund von internen Querelen lange Zeit unbesetzbar (mehr dazu in Kapitel 4, »*Die geklonte Führungselite: Dolly lässt grüßen*«).

Ganz wichtig: Am Anfang muss man die Dinge gemeinsam richtig machen, was nur mit einem gewissen Aufwand auf beiden Seiten möglich ist. Warum ist die Mitarbeit des Auftraggebers gerade (aber nicht nur) zu Beginn essenziell? Ganz einfach, weil hier die Grundlagen des Suchprozesses abgesteckt werden. Und in dem Punkt sind so manche Auftraggeber nach meiner Erfahrung wahnsinnig schwer abzuholen und zum Teil regelrecht bockig, leider. Sie sagen sinngemäß trotzig: »Wir wollen die Besten der Besten der Besten. Diese Kandidaten zu finden ist ab sofort Ihr Problem, deswegen beauftragen wir Sie ja. Da wird sich doch wohl irgendjemand im Markt auftun lassen. Ja, Sie müssen sich schon ein bisschen anstrengen für Ihr Honorar.«

Dabei ist das Entscheidende, dass Headhunter und Auftraggeber gemeinsam abklopfen, wer tatsächlich für den Job gebraucht wird. Der Such- und Auswahlprozess kann nur erfolgreich ablaufen, wenn alle an einem Strang ziehen. Logisch, oder? Dennoch ist es unfassbar schwer, diese Mauern in den Köpfen der Leute niederzureißen. Ich wage immer wieder den Versuch, denn die Hoffnung stirbt ja bekanntlich zuletzt.

Der steinige Weg von der Stellenbeschreibung zur Job-Description

Das gemeinschaftliche Tüfteln beginnt mit der Formulierung der sogenannten Job-Description, also dem Anforderungsprofil. Hier gibt es immer jede Menge Unklarheiten. Zwar hat der Auftraggeber beim ersten Treffen mit dem Personalberater in der Regel ein Stellenprofil parat, doch in vielen Fällen finden sich darin kaum mehr als die »üblichen Verdächtigen«: Formulierungen, die sich mehr oder weniger in jeder Stellenbeschreibung finden, oder Fähigkeiten, die für die zu besetzende Position ohnehin selbstverständlich sind. Das hilft dem Headhunter kaum dabei, das Problem des Kunden zu verstehen, und bei der Suche nach einem geeigneten Kandidaten ist es noch weniger von Nutzen.

Keine Frage, irgendjemand hat sich bestimmt irre viel Mühe gegeben, diesen Anforderungskatalog zu erstellen, aber in der Praxis taugt er eben leider höchstens für Ablage P. Die Dokumente, die Headhunter regelmäßig vorgelegt bekommen, sind häufig das Papier nicht wert, auf dem sie gedruckt sind. Ein Beispiel: Dass ein Leiter Finanzbuchhaltung, Administration und IT »fundierte DATEV-Kenntnisse« haben, sich mit Rechnungslegung auskennen, eine gewisse »IT-Affinität« mitbringen und am besten einen Universitätsabschluss haben sollte, versteht sich doch wohl von selbst. Wenn ich dann noch Dinge lese wie »Hands-on-Mentalität«, »Teamgeist«, »unternehmerisches Denken« oder – mein heimlicher persönlicher Favorit in Stellenbeschreibungen – »Zuverlässigkeit«, möchte ich mir am liebsten die Haare raufen. Aber ich bleibe äußerlich zum Glück meist cool – obwohl ich, das gebe ich zu, von Zeit zu Zeit mit dem einen oder anderen Auftraggeber durchaus hitzige Diskussionen führe. Jedes Mal kann ich mich eben doch nicht zurückhalten. Denn letztlich geht es ja immer darum, ein möglichst präzises, ein möglichst passgenaues Suchprofil zu entwickeln.

Mal ehrlich: Haben Sie jemals eine ernst gemeinte Stellenanzeige gelesen, in der ein seltsamer Eigenbrötler gesucht wurde, der gerne die Hände in den Schoß legt, statt mit anzupacken, keinerlei Geschäftssinn hat, ein Schulabbrecher und zu allem Überfluss auch noch chronisch unzuverlässig ist? Ich jedenfalls nicht!

Mit einem austauschbaren Suchprofil kann kein Personalberater arbeiten, das sollte eigentlich auch den Auftraggebern klar sein. Er braucht viele unterschiedliche Informationen, bevor er loslegen kann. Im Grunde genommen alles, was es rund um die Stelle und das Unternehmen zu wissen gibt. Zu viel Information gibt es nicht, denn jedes

Detail kann letzten Endes entscheidend sein, damit sich ein aussichtsreicher Kandidat für eine Position interessiert. Ich erlebe es immer wieder, dass vor diesem ersten Briefing-Gespräch alle Entscheider im Unternehmen der Ansicht sind, es sei unmissverständlich klar, wer für die Stelle gebraucht wird. Doch im Lauf des Gesprächs kommen dann – für sie urplötzlich, für mich erwartungsgemäß – vielerlei Diskussionspunkte auf, vor allem wenn mehrere Entscheider am Besetzungsprozess beteiligt sind, sagen wir mal die Geschäftsleitung, der Personalchef und der Gebietsleiter. Da klaffen die Wunschvorstellungen oftmals sehr weit auseinander!

Mir ist es natürlich mehr als recht, wenn diese Streitpunkte so früh wie möglich auf den Tisch kommen und in Ruhe ausdiskutiert werden, bis die Beteiligten sich einig sind. Dabei helfe ich auch gerne. Denn es ist ein Super-GAU für jeden Personalberater, wenn erst in der Vorstellungsrunde, also bei der Präsentation der vielversprechendsten Kandidaten, deutlich wird, dass die Entscheider völlig verschiedene Vorstellungen davon haben, wer grundsätzlich als »geeignet« oder »ideal« einzustufen ist, oder dass eigentlich ein ganz anderer Problemlöser gebraucht würde. Ehrlich gesagt kommt das in meinen Augen viel zu häufig vor, auch wenn man sich als Personalberater noch so sehr dafür einsetzt, von Anfang an Klarheit zu schaffen. Unter dem Strich bedeutet ein solcher Super-GAU natürlich, dass alle Mühe des Headhunters bei der Suche und Auswahl vergebens war – aber sicherlich nicht umsonst. Mehr dazu und zu anderen größeren und kleineren Katastrophen bei der Stellenbesetzung lesen Sie in Kapitel 3 und 4.

Das Bullseye der Kandidatenzielscheibe

Im Grunde genommen geht es in dieser Anfangsphase darum, zu identifizieren, was für den Auftraggeber als Volltreffer zählt. Wie bei einer Zielscheibe versucht der Personalberater gemeinsam mit den Entscheidern, allmählich einzukreisen, wie die idealen, aber dennoch realistischen Voraussetzungen für die zu besetzende Stelle aussehen sollten, also was sozusagen das Bullseye der Kandidatenzielscheibe ausmacht. Wichtige Fragen lauten hierbei unter anderem:

- Welches Problem soll der Kandidat im Unternehmen genau lösen?
- Welche konkreten Fähigkeiten (Hard Skills) muss er idealerweise dafür mitbringen?
- Was soll er nach dem ersten Jahr erreicht haben? Und in der Zukunft, etwa in fünf Jahren?

Weiter geht es mit detaillierten Informationen über die zu besetzende Position, die der Kandidat übernehmen soll:

- Wie sieht sein Verantwortungsbereich aus?
- An welchem Standort soll er arbeiten?
- Mit wem wird er zusammenarbeiten?
- Wie viele Mitarbeiter wird er leiten?
- Wofür zeichnet er verantwortlich?
- Wem berichtet er?
- Über welches Budget verfügt er?
- Welche Entwicklungsmöglichkeiten bietet die angebotene Position?
- Wie sieht die Vergütung aus?

Diese Liste ließe sich noch weiter fortsetzen – doch was mir die Erfahrung über die Jahre zeigt: Man kann noch so viel im Vorfeld fragen, es gibt immer wieder Details, an die man selbst im Briefing nicht gedacht hat und über die der Kandidat später im Gespräch gerne mehr erfahren möchte. So ist es eben. Nicht weiter tragisch, diese Zusatzinformationen kann man ja problemlos nachliefern. Wichtig ist mir vor allen Dingen, dass die Eckpunkte des Anforderungsprofils abgesteckt sind, damit der Personalberater und sein Team nicht von Anfang an in die falsche Richtung laufen. Doch auch das kommt vor, vor allem wenn der Auftraggeber im Vorfeld nicht weiß, was er eigentlich braucht; und das wird leider erst bei der Präsentation der ersten Ergebnisse klar.

Man muss an der Stelle aber dazusagen: Die meisten Headhunter greifen nicht ein, wenn sie bemerken, dass der Auftraggeber im Grunde einen ganz anderen Problemlöser braucht. Warum nicht? Weil sie sich als reinen Dienstleister sehen, der genau das liefert, was der Kunde wünscht – auch wenn das womöglich nicht die richtige Lösung für ihn ist. Gut, es geht natürlich auch schneller, wenn man liefert, was bestellt wurde, statt selbst Vorschläge zum Menü zu machen, die unter Umständen langwierige Diskussionen nach sich ziehen.

Einige Personalberater sehen sich jedoch so wie ich eher als Sparringspartner, der dem Auftraggeber auch mal Kontra gibt, wenn er einen anderen, vielleicht besseren Vorschlag für die ideale Lösung des zugrunde liegenden Problems hat. Zugegeben, diese Art und Weise kommt bei manchen Kunden sehr gut an, bei anderen ist so etwas eher ungern gesehen. Doch meiner Meinung nach sind manche Auftraggeber leider betriebsblind und sie könnten mit etwas mehr Vertrauen in die Expertise des beauftragten Headhunters von dessen unverstelltem Blick auf die Branche und das Unternehmen profitieren. Diese Chance nutzen bei Weitem die wenigsten, zumindest bis jetzt.

Eine weitere essenzielle Frage, die ich im Briefing-Gespräch immer stelle, lautet: Gibt es Wunschpersonen, die bevorzugt angesprochen werden sollen? Manche Auftraggeber können nämlich durchaus wie aus der Pistole geschossen konkrete Firmen nennen, bei denen zuerst die Wechselbereitschaft bestimmter Kandidaten geklärt werden soll. Das ist dann Headhunting im wahrsten Sinne des Wortes, da es um die Jagd auf spezielle Köpfe in spezifischen Unternehmen geht.

Wie groß die Kandidatenzielscheibe ausfällt, hängt von weiteren Suchkriterien ab, etwa ob der Auftraggeber sich auf seine eigene Branche beschränken möchte oder ob besondere No-Gos dem Headhunter spezifische Restriktionen bei der Suche auferlegen. So kann beispielsweise kein Personalberater Verstrickungen erahnen, die sich unter Umständen negativ auf den Auftraggeber auswirken, wenn bestimmte Zielpersonen bei der Konkurrenz, bei Partnerunternehmen oder auch bei Zulieferern kontaktiert werden. Der Headhunter muss demzufolge wissen, welche Personen oder Firmen bei der Suche auf gar keinen Fall angegangen werden dürfen und warum.

Auch die »Vorgeschichte« der Stellenbesetzung ist wichtig: So manches Mal wird der Personalberater ja erst hinzugezogen, wenn alle bisherigen Bemühungen des Unternehmens für die Katz waren. In so einem Fall muss der Headhunter natürlich erfahren, welche Personen bereits angefragt wurden und aus welchen Gründen sie das Jobangebot abgelehnt haben. Teils um Schadensbegrenzung zu betreiben, wenn er diese Personen erneut – und dieses Mal professioneller – anspricht, teils um einen großen Bogen um »verbrannte Erde« zu machen. Es ist wichtig, solche Details im Vorfeld abzuklären, denn eine doppelte Ansprache, noch dazu aus Unwissen, kann höchst peinlich und unter Umständen sogar image-schädigend enden (mehr dazu in Kapitel 3, »*Alles gar kein Problem*«).

Natürlich versucht der Personalberater während des Briefings, aber auch im weiteren Prozess ein Gefühl dafür zu bekommen, wie dieses spezielle Unternehmen tickt, und das allgemeine Betriebsklima einzuschätzen, wenn er das erste Mal mit einer Firma zusammenarbeitet. Wie ich schon sagte: Personalbeschaffung hat immer mit Menschen zu tun und die gelebte Unternehmenskultur spielt eine entscheidende Rolle dabei, ob sich jemand in einer Firma dauerhaft wohlfühlen kann. Das bedeutet: Nicht jeder potenzielle Kandidat passt uneingeschränkt zu jedem Unternehmen. Personalberater nehmen also im Such- und Auswahlprozess eine Mittlerrolle ein. Sie erfahren im Briefing-Gespräch viele Details über das Unternehmen und lernen im weiteren Verlauf die Kandidaten als Erste kennen. Da sie beide Seiten gründlich unter die Lupe nehmen, fallen ihnen mögliche Gemeinsamkeiten, aber gegebenenfalls auch Knackpunkte früh auf.

Aus den Antworten auf all diese Fragen setzt sich Stück für Stück das Anforderungsprofil zusammen. Daher ist es wichtig, dass Headhunter und Entscheider so lange gemeinsam an der Job-Description herumbasteln, bis es aus ihrer Sicht den Kern des Problems erfasst. Am Ende ist im Idealfall glasklar definiert, was das Bullseye der Kandidatenzielscheibe ausmacht. Der Startschuss für die Suche nach den idealen Kandidaten ist gefallen!

Marktanalyse: Die Branche abklopfen

Die Personalberatung schaut sich auf der Suche nach vielversprechenden Kandidaten in aller Regel zunächst in der Branche des Auftraggebers um und macht sich ein Bild von der allgemeinen Marktlage sowie vom Standing des Kunden innerhalb des Markts. So kreist man nach und nach interessante Firmen ein, bei denen aussichtsreiche Kandidaten tätig sein könnten.

Welche Player gibt es überhaupt im Markt? Der Personalberater beziehungsweise das Research-Team identifiziert mögliche Kandidaten zunächst bei den direkten Wettbewerbern des Kunden, sofern diese laut Briefing nicht tabu sind. Auf diese Weise lässt sich feststellen, wer sich überhaupt alles im Markt tummelt und wo interessante Kandidaten stecken könnten.

Wo steht der Auftraggeber im Ranking? Ist er der unangefochtene Marktführer, rangiert er irgendwo im Mittelfeld oder doch eher unter »ferner liefen«? Die Marktanalyse fördert ein realistisches Fremdbild zutage. Nicht selten weichen Selbstwahrnehmung und Fremdwahrnehmung voneinander ab. Warum sind diese Erkenntnisse wichtig? Weil sie Rückschlüsse auf die Attraktivität des Unternehmens ermöglichen und dem Personalberater Informationen und Details an die Hand geben, mit denen er beim Gespräch mit den potenziellen Kandidaten punkten und Aufmerksamkeit erregen kann. Fällt die Marktanalyse beziehungsweise das Fremdbild nicht sonderlich schmeichelhaft für das Unternehmen aus, wird unter Umständen schon etwas klarer, warum eine Stelle bereits in der Vergangenheit schwierig zu besetzen war oder auf einer bestimmten Position immer viel Wechsel herrschte.

Wie steht die Branche insgesamt da: eher gut oder eher schlecht? Warum ist das wichtig? Ganz einfach: In einer Branche, der es gut geht, ist es unter Umständen schwieriger, potenzielle Kandidaten anzusprechen, als in einer Branche, der es gerade nicht so gut geht. Warum? Weil Erstere logischerweise keine – oder zumindest eine geringere – Wechselmotivation haben. Gleiches gilt natürlich im Hinblick auf einzelne Unternehmen. Warum sollte jemand über einen Jobwechsel nachdenken, wenn derzeit alles in Butter ist? In dem Fall müssen sich Personalberater, aber vor allen Dingen auch die Entscheider richtig ins Zeug legen, um überzeugende Argumente vorzubringen, warum sich ein Jobwechsel für den Kandidaten doch lohnen könnte – und dieser Hebel ist, das verrate ich Ihnen gleich jetzt, in den seltensten Fällen das Gehalt.

Erstkontakt: Professionell mit der Tür ins Haus fallen

Stellen Sie sich vor, Sie sitzen im Büro an Ihrem Schreibtisch und gehen Ihren alltäglichen Arbeiten nach. Aus heiterem Himmel ruft jemand bei Ihnen an und fragt Sie ganz unverblümt: »Wollen Sie mal eben Ihr Leben komplett umkrempeln? Na, wie wär's? Haben Sie Lust?«

Wie würden Sie reagieren? Was würden Sie sagen? Das kommt vermutlich auf Ihre derzeitige Situation und Ihre aktuelle Gemütsverfassung an. Vielleicht bereiten Sie sich gerade auf ein wichtiges Meeting oder ein heikles Mitarbeitergespräch vor. Vielleicht haben Sie sich gerade eben noch über einen unverschämten Kunden geärgert. Vielleicht haben Sie heute Morgen miserable Zahlen aus dem Controlling erhalten. Nichts davon weiß der Headhunter oder sein Researcher, der gerade am anderen Ende der Leitung ist und Ihnen einen neuen Job anbieten will. Zugegeben, ein professioneller Personalberater fällt niemals dermaßen plump mit der Tür ins Haus – aber der Grundgedanke, dass die Entscheidung für den Jobwechsel das Leben des Kandidaten auf den Kopf stellen könnte, ist in den meisten Fällen gar nicht so weit hergeholt.

Diese undurchschaubare Ausgangssituation spricht – vollkommen nachvollziehbar – erst einmal gegen den schnellen Erfolg, auch wenn der Personalberater ein ausführliches Anforderungsprofil erhalten und den Markt sorgfältig gescannt hat. Vielversprechende Kandidaten, die auf der sogenannten Longlist stehen, werden im ersten Schritt kontaktiert. Und das ist so manches Mal ein Sprung ins Ungewisse, nämlich immer dann, wenn potenzielle Interessenten bisher bei der Personalberatung nicht bekannt sind. Das bedeutet, sie wurden weder in die Datenbank aufgenommen noch gehören sie zum persönlichen Netzwerk des Headhunters. Solche unbekannten Kandidaten erhalten einen Anruf aus dem Nichts, werden mit der Anfrage regelrecht überrumpelt und das Personalberatungsteam hat natürlich keine Ahnung, in welcher Situation es den Kandidaten gerade erwischt. Die Kunst besteht darin, den überraschten Gesprächspartner trotzdem auf ein weiterführendes Interview neugierig zu machen.

Persönlich ist nicht privat

Personalberater und Researcher gehen Eintrag für Eintrag auf der Longlist mit potenziellen Kandidaten durch. Bei manchen Gesprächspartnern treffen sie auf offene Ohren und können direkt einen Follow-up-Telefontermin vereinbaren, bei dem über die Details des Stellenangebots im privaten Rahmen in Ruhe gesprochen wird. Bei anderen passt es gerade nicht oder der potenzielle Kandidat kann nicht frei sprechen, weil Kollegen oder, noch heikler, Vorgesetzte mit im Raum sind. Man solle sich zu einem späteren Zeitpunkt noch einmal melden. Kein Problem, immerhin scheint bei diesen Kandidaten ein grundlegendes Interesse vorhanden zu sein. Einige wenige verbitten sich jede weitere Kontaktaufnahme. Sie sind definitiv nicht interessiert und werden von der Liste gestrichen.

Das grundlegende Problem ist: Ein Telefonat ist zwar persönlich, aber in den wenigsten Fällen privat, da in der Regel im Unternehmen, also an der Arbeitsstelle des potenziellen Kandidaten, angerufen wird. Daher ist der Erstkontakt weit entfernt von einem vertraulichen Gespräch unter vier Augen. Das ist anspruchsvoll, bisweilen auch ziemlich knifflig. Sitzt die Zielperson in einem Einzel- oder in einem Großraumbüro? Ist sie allein und damit unbeobachtet oder stehen gerade zwei Kollegen bei ihr, als das Telefon klingelt? Headhunter und Researcher können es in vielen Fällen schlichtweg nicht wissen. Diskretion ist das A und O und oftmals kann der Angerufene just in dem Moment nicht frei sprechen. Dann geht es darum, schnell zum Punkt zu kommen und einen Rückruf zu einem späteren Zeitpunkt, am besten nach Feierabend, zu vereinbaren. So mancher Gesprächspartner ist in dieser Situation auch vollkommen überfordert, weil er schlichtweg nicht mit dem Anruf einer Personalberatung gerechnet hat, und blockt reflexartig erst einmal ab. Hier kommen nun die Erfahrung und das Fingerspitzengefühl des Teams zum Tragen, damit sich der anfängliche Schreck hoffentlich schnell in Wohlgefallen auflöst.

Das klappt aber nicht immer, wie ich aus eigener Erfahrung weiß. Klar, man kann nicht immer gewinnen, und nur weil ein Kandidat auf dem Papier ein Volltreffer wäre, heißt es eben noch lange nicht, dass er derzeit wechselwillig und zu einem Gespräch mit einem Headhunter bereit ist. Zum Thema Wechselbereitschaft erfahren Sie im Abschnitt »Spitzenkräfte finden Spitzentalente« mehr. Bleiben wir für den Moment noch bei den Herausforderungen bei der Erstansprache potenzieller Kandidaten.

Hauptsache kein Nein

So knifflig die erste Kontaktaufnahme mitunter ist, so kurz ist sie: Ziel ist lediglich, die grundlegende Gesprächsbereitschaft und das grundsätzliche Interesse des Kandidaten abzufragen und private Kontaktdaten zu erhalten. Das ist innerhalb von wenigen Minuten erledigt.

Beim telefonischen Erstkontakt ist es also schon ein Erfolg, wenn der Gesprächspartner sich auf ein zweites längeres, tiefergehendes und vor allem ungestörtes Telefonat im privaten Rahmen einlässt. Der Kandidat ist grob vorbereitet auf das, was kommt. Hauptsache ist: Der Wunschkandidat hat nicht von vornherein Nein gesagt!

Ein sogenannter Cold Call – also ein Anruf ohne vorherige Einwilligung des Angerufenen – am geschäftlichen Festnetz- oder Mobilfunkanschluss ist im Gegensatz etwa zu Werbeanrufen bei Privatpersonen erlaubt. Das hat der Bundesgerichtshof bereits vor Jahren ganz klar entschieden. Demnach ist das Abwerben von fremden Mitarbeitern grundsätzlich zulässig, es zählt zum freien Wettbewerb.[1] Als Abwerbung bezeichnet man »jedes ernsthafte Beeinflussen eines durch einen Arbeitsvertrag gebundenen Arbeitnehmers«. Ein fremdes Unternehmen darf einen Mitarbeiter bei der Konkurrenz durch ein besseres Angebot durchaus dazu bringen, seinen bestehenden Vertrag zu kündigen, um durch die Gewinnung neuer Mitarbeiter seine Stellung im Markt zu verbessern.[2] Ebenso darf sich ein Mitarbeiter weiterentwickeln, und wenn er glaubt, sein berufliches Fortkommen durch einen Jobwechsel beschleunigen zu können, steht ihm dieser Wechsel natürlich frei. Wäre ja noch schöner, wenn nicht!

Bei einem Anruf am Arbeitsplatz ist jedoch darauf zu achten, die Zeit und Arbeitsleistung des Arbeitnehmers, die ja vom Arbeitgeber bezahlt wird, nicht unnötig zu beeinträchtigen. Deswegen fällt das erste Gespräch immer sehr kurz aus. Der Headhunter oder Researcher fragt lediglich das grundsätzliche Interesse des potenziellen Kandidaten ab und das darf er auch. So heißt es in der Urteilsbegründung: »Ein Anruf, bei dem ein Mitarbeiter erstmalig nach seinem Interesse an einer neuen Stelle befragt und diese kurz beschrieben wird sowie gegebenenfalls eine Kontaktmöglichkeit außerhalb des Unternehmens besprochen wird, ist […] grundsätzlich nicht wettbewerbswidrig.«[3] Alles, was darüber hinausgeht, kann unter Umständen als unlauterer Wettbewerb eingestuft werden.[4] In der Freizeit – und dazu zählt zum Beispiel auch die Mittagspause, die ein Mitarbeiter *nicht* in der unternehmenseigenen Kantine verbringt – spricht nichts dagegen, dass sich ein Personalberatungshaus mit potenziellen Kandidaten für ein weiterführendes Gespräch verabredet. Das geht auch rechtlich vollkommen in Ordnung.

Achtung, Fake Jobs!

Was jedoch in meinen Augen nicht so in Ordnung geht: Manche Personalberater sprechen oder schreiben potenzielle Kandidaten mit einem total interessanten, hochkarätigen Jobangebot an – obwohl ein solches Angebot gar nicht existiert. Ein reines Lockangebot, totaler Fake! Es geht in dem Fall lediglich darum, mit der gewünschten Zielperson in Kontakt zu kommen, also sozusagen einen Fuß in die Tür zu kriegen. Herausreden kann sich der Personalberater später ja immer noch elegant mit der Entschuldigung, der Auftraggeber habe sich bedauerlicherweise für einen anderen Kandidaten entschieden. Aber man könne doch trotzdem in Kontakt bleiben, falls sich etwas Interessantes ergibt, nicht wahr? Geschickt eingefädelt, denn in vielen Fällen bekommt der Personalberater auf diese Weise die Erlaubnis erteilt, den Kandidaten zu einem späteren Zeitpunkt gerne wieder zu kontaktieren. Mission geglückt, Netzwerk erweitert.

Doch wie in vielen anderen Fällen gilt: Je größer und professioneller das Personalberatungshaus, desto weniger haben es die Headhunter nötig, auf diese Weise Aufträge oder Kontakte zu generieren. Es ist also eher ein Gebaren der Berater am unteren Ende der Nahrungskette, die sich aber, das muss ich einschränkend dazusagen, oftmals gar nicht anders zu helfen wissen. Moralisch ist ein solches Vorgehen zwar nicht einwandfrei, doch wo kein Kläger, da kein Richter.

Research: Eine wichtige Säule der Personalberatung

Erfolgreiche Personalberater pflegen, wie bereits erwähnt, dauerhafte persönliche Kontakte zu Spitzenkandidaten. Sind darunter geeignete Leute zu finden, entfällt zunächst die mitunter knifflige Erstansprache – man kennt sich schließlich schon. Doch auch in diesem Fall ergeben sich oft genug im Gespräch Empfehlungen neuer potenzieller Interessenten, nach dem Schema: »Für mich ist der Job zwar nichts, aber ein guter Freund von mir käme eventuell infrage. Das könnte ihn interessieren. Ich stelle gerne den Kontakt her.« Der vom Personalberater angesprochene Kandidat winkt also ab, gibt jedoch einen wertvollen Hinweis darauf, welcher seiner Bekannten womöglich für die zu besetzende Stelle infrage kommen könnte. Bei solchen potenziellen Interessenten startet der Personalberater dann natürlich bei der ersten Kontaktaufnahme bei null und der Erklärungsbedarf steigt logischerweise.

Ein weitverzweigtes Netzwerk ist für den Personalberater also auf jeden Fall hilfreich, da Weiterempfehlungen die richtige Richtung weisen können. Je besser das Netzwerk ist, desto mehr relevante Informationen fließen. Der Berater erfährt aus verschiedenen Ecken, wer vielleicht wechselwillig sein könnte, weil derjenige – à la Bully Herbigs *Der Schuh des Manitu* – »mit der Gesamtsituation unzufrieden« ist. Netzwerke sind nützlich, das gilt im privaten Bereich ebenso wie bei der Personalbeschaffung. Nicht ohne Grund streut man wie selbstverständlich im Freundeskreis die Information, dass man beispielsweise gerade eine neue Wohnung oder ein Auto sucht, denn auf dem »verdeckten Markt« sind die wirklichen Schnäppchen zu machen.

In der Regel besitzen Personalberatungen eine ebenfalls gut gepflegte Datenbank, die sie nach geeigneten Kandidaten durchforsten und diese anschließend ansprechen. Es gibt aber durchaus Aufträge, bei denen selbst in der größten internen Datenbank Ebbe herrscht, vor allem bei exotischen Branchen, außergewöhnlichen Funktionen oder allgemein kniffligen Ausgangssituationen, und die persönlichen Beziehungen des Personalberaters nur wenige aussichtsreiche Ergebnisse in Form von Interessenten liefern.

In diesen Fällen kommt bei vielen Personalberatungen das Research-Team ins Spiel. Denn wer gute Kandidaten insbesondere für eine Spitzenposition ausfindig machen soll, muss wissen, wo er suchen sollte.

Die Nadel im Heuhaufen, oder besser gesagt die Nadel in einem Haufen Nadeln, zu finden, ist ganz klar eine Aufgabe für Spezialisten. Mit anderen Worten: Hinter vielen erfolgreichen Headhuntern steht ein versiertes Research-Team, das Zielfirmen und Zielpersonen identifiziert und gegebenenfalls auch den Erstkontakt übernimmt, Lebensläufe und Qualifikationen von vielversprechenden Kandidaten auf Herz und Nieren prüft und Marktanalysen durchführt, noch lange bevor der Auftraggeber überhaupt einen einzigen Kandidaten auf Papier oder live zu Gesicht bekommt. Researcher leisten in der Regel wichtige Vorarbeit, manche produzieren aber auch nur Masse (siehe dazu auch Kapitel 3, »Die Liste«). Und die richtig guten unter ihnen sind eine Mischung aus Detektiv, Psychologe und Hellseher. Das ist alles im positivsten Sinn gemeint!

Einmal mit Profis zusammenarbeiten ...

»Das bisschen Research kann so schwer nicht sein«, denkt sich der frischgebackene Personalberater. »Das schaffen doch sicher auch ein paar Studenten, die sind nicht so teuer und sicher sehr engagiert.« Die Suche nach passenden Kandidaten ist in seinen Augen gerade heutzutage für diese Digital Natives wie geschaffen: ein wenig Internetrecherche hier, ein bisschen Xing und LinkedIn dort – und schon kann man solide Ergebnisse liefern. Auf diese Weise spart der Headhunter zunächst tatsächlich ein paar Euro. Doch wenn es Zeit für die Ergebnispräsentation wird, fällt er aus allen Wolken.

»Na ja, da stand auf jeden Fall irgendwas mit Retail im Profil ... also wird der Mann auch was im Handel machen, nehme ich mal an. Bei dem könnten Sie doch mal anrufen!«, rechtfertigt der Student seine Rechercheergebnisse. Bei näherem Hinsehen entpuppen sich die Einträge höchstens als mittelmäßig, manche sind sogar völlig unbrauchbar: Retail-Banking, also das Privatkundengeschäft von Banken, ist nun einmal etwas völlig anderes als der Einzelhandel! Dass er am falschen Ende gespart hat, erkennt der Personalberater nun frustriert – und hat zwei Möglichkeiten: Entweder muss er sich selbst an den Rechner setzen oder Profis mit dem Fall betrauen.

Nicht nur Personalberater, die sich gerade erst selbstständig gemacht haben, suchen nach Möglichkeiten, die Kosten möglichst niedrig zu halten. Einsparpotenziale sind grundsätzlich in jedem Unternehmen gern gesehen, das wirtschaftlich(er) arbeiten möchte. Aber manchmal spart man eben wirklich an der falschen Stelle – und für mich zählt dazu eindeutig die Auslagerung des Researchs an Amateure. Inwiefern das in irgendeiner Weise zielführend sein soll, kann ich mir beim besten Willen nicht erklären.

Wie heißt es doch so schön: Aus Fehlern wird man klug. Denn mal ehrlich, wie viel kann und darf man von einem blutjungen Studenten, der keine Erfahrung in puncto qualifizierter Recherche besitzt, ernsthaft erwarten? Die Trefferquote wird zwangsläufig denkbar gering ausfallen und die entscheidenden Informationen zu den Kandidaten fehlen in dem Fall mit hoher Wahrscheinlichkeit, zum Beispiel:

- Ist der potenzielle Kandidat überhaupt noch in dem gesuchten Bereich tätig oder hat er sich zwischenzeitlich anders orientiert?
- In welcher Gehaltsklasse befindet er sich schätzungsweise heute?
- Lassen sich aus dem Lebenslauf Hinweise darauf ableiten, dass er der richtige Problemlöser sein könnte?

Stellt ein Personalberater seiner Research-»Sparversion« solche Fragen, wird er vermutlich verlegenes Schweigen, blankes Unverständnis oder völlige Überforderung ernten. Das Ende vom Lied ist klar: Er muss sich selbst hinter den Computer klemmen, jede Menge nacharbeiten, jeden einzelnen potenziellen Kandidaten abklopfen, bevor er zum Hörer greift und den Erstkontakt eigenhändig in Angriff nimmt. Dann hätte er es ja gleich selbst machen können. Oder er beauftragt professionelle Researcher mit der Recherchearbeit.

Noch schlimmer kann es enden, wenn Personalberater studentische Aushilfen den telefonischen Erstkontakt übernehmen lassen. Ja, das passiert leider tatsächlich und das kann vor allem bei der Besetzung hochkarätiger Positionen ganz böse ins Auge gehen! Im günstigsten Fall scheitert der Anfänger mangels Erfahrung bereits am Gatekeeper, also bei der Assistenz des begehrten Kandidaten. Die blockt professionell alle unerwünschten »Werbeanrufe« ab – und der Research-Anfänger kommt gar nicht erst zum gewünschten Gesprächspartner durch. Zum Glück, denn er hätte überhaupt nicht das Standing, um auf Augenhöhe mit einem Topmanager zu sprechen.

Der Worst Case: Der Researcher-Neuling wird tatsächlich zu einem vielversprechenden Kandidaten durchgestellt, hat keine Ahnung, was er da eigentlich tut, plappert munter drauflos, weiß auf die meisten grundlegenden Fragen des Gesprächspartners keine Antwort und macht peinliche Fehler, wie etwa die aktuelle Gehaltsstufe des Kandidaten völlig verkehrt einzuschätzen. Der Angerufene kommt sich veräppelt vor und der Personalberater ist bei ihm unten durch. Und zwar zu Recht! Passiert so etwas häufiger, ist der Ruf des Headhunters schneller ruiniert, als er Piep sagen kann – und der vielversprechende Kandidat ist für den Auftraggeber logischerweise ebenfalls verloren.

Sicher kann sich nicht jeder Personalberater, vor allem der Einzelkämpfer in der Headhunting-Szene, einen erfahrenen, professionellen Researcher oder gar ein ganzes Team leisten. Doch viele der großen Beratungshäuser haben fest angestellte Research-Teams – und da sind ganz bestimmt keine Studenten oder Aushilfen am Werk. Es gibt aber auch unglaublich viele Freelance-Researcher, die für verschiedene Auftraggeber arbeiten, manchmal nur vom heimischen Sofa aus. Professioneller arbeiten spezialisierte Research-Firmen, die sich als Dienstleister beim Aufspüren von Fach- und Führungskräften positionieren. Aber auch dort kann es durchaus vorkommen, dass Laien am PC und an der Strippe sitzen.

Das Internet, der beste Freund des Researchers

Es gab einmal eine Zeit, in der es kein Google oder Bing, keine Unternehmenswebseiten, kein Facebook, Xing, LinkedIn oder Ähnliches gab. Ist eigentlich noch gar nicht so lange her. Damals mussten der Personalberater und sein Team mühevoll Messekataloge wälzen, Geschäftsberichte aufmerksam studieren, Mitgliederverzeichnisse von Verbänden akribisch durchforsten und Gelbe Seiten und Telefonbücher von vorne bis hinten durchblättern, um an grundlegende Kontaktinformationen über bestimmte, für die aktuelle Suche womöglich interessante Unternehmen zu kommen.

Nach der Identifikation der Zielfirmen rief in der Regel der Researcher bei den Unternehmen an und versuchte, möglichst unauffällig herauszufinden, wer dort die gesuchte oder eine vergleichbare Position bekleidete – denn bislang wusste er lediglich den Firmennamen. Auch nach diesem ersten Telefonat kannte er nur einen weiteren Namen, aber immerhin den einer konkreten Person. Und mit etwas Glück war dies schon eine mögliche Zielperson. Also griff der Researcher erneut zum Hörer, dieses Mal mit der Prämisse, mit der identifizierten Person zu sprechen.

Klare Sache: Bei dieser Form der Detektivarbeit lernte man zwar von der Pike auf, wie man relevante Personen ausfindig macht. Nichtsdestotrotz war diese Trial-and-Error-Methode überaus aufwändig. Mit dem Siegeszug des Internets und der sozialen Medien wurde vieles so viel einfacher.

Sich über unbekannte Branchen oder völlig neue Firmen umfassend zu informieren ist heute eine Sache von ein paar Klicks. Eine einzige Anfrage in einer Suchmaschine spuckt jede Menge relevanter Treffer aus. Schließlich veröffentlichen die meisten Unternehmen freiwillig unzählige Informationen über sich und ihre Mitarbeiter, vor allem in Spitzenpositionen, gerne auf ihren Webseiten (nennt sich neudeutsch Employer-Branding). Immer mehr Menschen nutzen privat wie beruflich Internetportale und soziale Medien, veröffentlichen dort Informationen zu ihrer Laufbahn und geben zudem viele persönliche Dinge

preis. Ein wahres Paradies für Personalberater und Research-Teams –
sofern sie all diese Informationshäppchen richtig interpretieren und
auswerten können.

Spitzenkräfte finden Spitzentalente

Eine international tätige Kanzlei will in Deutschland
Fuß fassen und sucht geeignete Juristen, die als Equity-
Partner einsteigen wollen. Die Anforderung: Sie müssen
auf Übernahmen und Fusionen spezialisiert sein. Und
nur die besten Köpfe der deutschlandweit ansässigen
Firmen kommen dafür infrage. Sie sollen bei der Konkurrenz abgeworben werden.

Doch wer sind überhaupt »die besten« Juristen in diesem Bereich? Der Personalberater kennt in diesem Bereich zwar etwa eine Handvoll Leute persönlich – doch
von ihnen kommen nur drei infrage. Die Datenbank ist
leider auch fast leer. Also muss in dem Fall das versierte Research-Team ran, um eine größere Auswahl an potenziellen Kandidaten zu generieren, und es soll auch
gleich den Erstkontakt übernehmen.

Die Recherche bringt schon bald vielversprechende
Ergebnisse und die Interessenten werden im Anschluss
durch Follow-ups und persönliche Treffen evaluiert. Als
der Personalberater zum nächsten Gespräch mit dem
Auftraggeber anreist, hat er einen ganzen Schwung Papier dabei: jede Menge anonymisierte Profile von potenziellen Kandidaten. Gemeinsam mit dem Entscheider
bildet der Personalberater nun drei Stapel: »No-Go«, »Na
ja« und »Top!«. Dann geht es ans Sortieren.

Die beiden sprechen über jeden Interessenten und der
Entscheider findet auch hin und wieder jemanden, der

seinen Vorstellungen nicht hundertprozentig entspricht. Dahingegen wird der dritte Stapel sehr schnell ziemlich hoch, was den Auftraggeber sichtlich überrascht: »Wow, das sind ja fast alles Volltreffer!«

In solchen Fällen zeigt sich, wie in einem gut geölten Personalberatungshaus mit Research-Team alle Rädchen optimal ineinandergreifen, sodass das Ergebnis den Auftraggeber überzeugt und zufriedenstellt. Die Kontakte und Beziehungen des Personalberaters werden gestützt durch die gepflegte Datenbank und ergänzt durch die fundierte Vorarbeit des Research-Teams, dessen Qualität sich vor allem bei ganz speziellen Suchaufträgen zeigt.

Meine Meinung ist eindeutig: Ein erstklassiges Research-Team halte ich für eine wichtige Säule einer erfolgreichen Personalberatung – und deswegen gehört diese Arbeit nicht in die Hände von Amateuren!

Diskret am Gatekeeper vorbeikommen

Auf Managementebene kommt beim Erstkontakt eine weitere Schwierigkeitsstufe für den Researcher hinzu: der Gatekeeper. Also die persönliche Assistenz, die strikt angewiesen wurde, keine Gespräche durchzustellen, wenn der Anrufer sein Anliegen im Vorfeld nicht haarklein erklärt. Der Researcher kann jedoch schlecht im Sekretariat hinausposaunen, dass der Manager im Idealfall abgeworben werden soll. Die Guten schaffen es trotzdem am Vorzimmer vorbei. Wie genau, das möchte ich an dieser Stelle nicht weiter vertiefen. Nur so viel sei verraten: Ein versierter Researcher hat immer einige bewährte, manchmal freche und in harten Fällen auch dreiste Tricks und Kniffe auf Lager, um doch noch an einen Telefontermin mit dem Wunschkandidaten zu kommen.

Alternativ bieten sich heutzutage für die erste unverbindliche Kontaktaufnahme natürlich auch die sozialen Medien an. Es ist problemlos möglich, das grundlegende Interesse an einem tiefer gehenden Gespräch per Privatnachricht bei Xing oder LinkedIn abzuklopfen. Der Auftraggeber bleibt bei dieser Vorgehensweise ebenfalls anonym, und so kann – rein theoretisch – ein Follow-up-Termin im privaten Bereich vereinbart werden. Das »erspart« dem Researcher die Überredungskünste beim unerbittlichen Gatekeeper. Jedoch ist die Kontaktaufnahme auf diese Weise anonym und gewissermaßen kalt. Es ist für den Researcher schwer, auf diesem Weg eine echte Verbindung aufzubauen.

Hat der Researcher dagegen seinen gewünschten Gesprächspartner an der Strippe, kann er individuell auf dessen Einwände reagieren. Und wer kennt es nicht aus dem eigenen Postfach: In der heutigen Zeit wird man von E-Mails und schriftlichen Anfragen über soziale Medien überflutet und manchmal nimmt der Spam überhand. Oftmals sind seriöse Angebote von unseriösen schwer zu unterscheiden. Damit ist und bleibt der persönliche Kontakt und damit die Möglichkeit, einem Kandidaten eine Stelle aktiv zu beschreiben und schmackhaft zu machen, im Headhunting-Business entscheidend.

Mix aus Können und Erfahrung

Viele Personalberater, vor allem diejenigen, die gehobene Managementpositionen besetzen, vertrauen bei der Vorauswahl völlig neuer Gesichter auf professionelle Researcher, die ihr Handwerk verstehen, denn sie sind so etwas wie die Produktion der Personalberatung. Doch auch hier muss man einen guten Riecher haben, denn Research ist ebenso wie Personalberatung eine selbst erfundene Branche. Das bedeutet, auch für diese Tätigkeit gibt es weder einen expliziten Ausbildungsberuf noch ein spezielles Studium.

Gute Researcher besitzen neben einer fundierten Ausbildung viel Erfahrung und Empathie. Idealerweise hat ein Researcher Betriebswirtschaft oder Jura studiert – oder hat allgemein ein breit angelegtes Studium absolviert, das Wirtschaftszusammenhänge erkennen lässt. Warum ist das wichtig? Ganz einfach, Researcher müssen wissen, wie

Unternehmen funktionieren können und sollten, um die Fragestellungen und Probleme der Auftraggeber besser einordnen und bewerten zu können. Wie schon gesagt: Ein Unternehmen, das eine Stelle zu besetzen hat, sucht in der Regel keine Person, sondern hat ein zu lösendes Problem, wofür eine geeignete Person benötigt wird – ein großer Unterschied! Der Researcher muss demzufolge kompetent beurteilen können, wer überhaupt als Problemlöser infrage kommt und wer durchs Raster fällt – und das ist vor allen Dingen Erfahrungssache.

Die Investition in einen guten Researcher ist meines Erachtens Gold wert. Allerdings muss der Personalberater sich dann bei aller Hektik auch stets die Zeit nehmen, ihn ausführlich zu briefen, damit er seine Arbeit gut machen und dem Berater die eine oder andere Entscheidung im Vorfeld abnehmen kann. Doch der Wunschtraum eines Headhunters sieht ja ungefähr so aus:

> Der Personalberater hat mehrere Stunden bei einem potenziellen neuen Kunden verbracht. Er hat sich geduldig alles angehört, viel nachgefragt, das Problem des Kunden identifiziert und am Ende des Meetings den Zuschlag bekommen.
>
> Ziemlich erledigt, leicht genervt, aber gleichzeitig froh, dass er den Auftrag an Land ziehen konnte, macht er sich auf den langen Weg zurück ins heimische Büro. Seinem Research-Team ruft er zwischen Tür und Angel zu: »Hey, die suchen einen neuen Head of Finance. Ihr könnt loslegen. In drei Wochen will ich Ergebnisse sehen!«
>
> Er macht sich auf den Weg nach Hause und sein Wunsch wird erfüllt – ohne weiteres Zutun. Herrlich!

Tja, aber wie so oft im Leben sind Wunsch und Realität nicht deckungsgleich. Was passiert stattdessen nach einer solchen Ankündigung, vorausgesetzt der Headhunter beschäftigt fähige Researcher? Sie fragen ihm gnadenlos Löcher in den Bauch – bis der Personalberater alles, was er beim Auftraggeber erfahren hat, eins zu eins an seine Researcher weitergegeben hat. Und das ist auch gut so! Denn ohne diese wichtige Grundlage ist eine Suche völlig sinnfrei.

Was soll ich sagen: Personalberater sind eben auch nur Menschen und sie machen ebenso wie jeder andere Fehler. Daher ist Kritik an meiner Zunft natürlich erlaubt. Es kommt durchaus vor, so hörte ich es über die Jahre, dass sich der eine oder andere Personalberater nach einer gelungenen Besetzung als alleiniger Heilsbringer ins Rampenlicht stellt und sich feiern lässt, weil er das Problem des Kunden auf ach so grandiose Weise gelöst hat. Den Anteil des Researchs an diesem Erfolg lassen die Kollegen offenbar gerne mal unter den Tisch fallen. Warum eigentlich? Bricht ihnen ein Zacken aus der Krone, wenn sie auch einmal die Leute lobend erwähnen, die im Hintergrund solide Arbeit leisten und sie bei der Suche nach geeigneten Kandidaten tatkräftig unterstützen und diese für ein weiterführendes Gespräch motivieren? Ich finde das schlichtweg unfair, um es gelinde auszudrücken. Denn meiner Meinung nach ist die Suche nach den idealen Kandidaten – vor allem auf Topniveau – eine tatkräftige Gemeinschaftsleistung von Unternehmen und Headhunter sowie dessen gesamtem Team.

Wechselmotivation: Viele können, aber nur wenige wollen

Auf der Longlist der Personalberatung steht Frau Wiegand. Sie erfüllt formal bereits viele Kriterien des Anforderungsprofils. Auf dem Papier auf den ersten Blick ein Perfect Fit, zumindest was die fachliche Qualifikation angeht.

Doch den versierten Augen der Profis entgeht nichts, sie können gut zwischen den Zeilen lesen: Frau Wiegand ist laut den Ergebnissen der Internetrecherche aus dem Research-Team schon seit vielen Jahrzehnten bei ein und demselben Unternehmen in ihrem Geburtsort angestellt. Sie ist dort direkt nach dem Studium, das sie in der benachbarten Universitätsstadt absolviert hat, eingestiegen, hat sich auf der Karriereleiter Schritt für Schritt nach oben gearbeitet und bekleidet nun seit ein paar Jahren eine Spitzenposition.

Aufgrund dieser geradlinig verlaufenden Vorgeschichte ist klar: Es müsste schon sehr viel passieren, damit diese zutiefst loyale Mitarbeiterin einen Wechsel auch nur ansatzweise in Betracht zieht. Diese Kandidatin wird das Personalberatungshaus demnach gar nicht erst ansprechen.

Das ist ein klassisches Beispiel aus dem Headhunting-Alltag. Tatsächlich ist es so, dass nicht alle potenziellen Kandidaten, die in den unterschiedlichsten Branchen und in verschiedenen Regionen ausfindig gemacht werden, auch wirklich kontaktiert werden. Stattdessen nehmen die Personalberater beziehungsweise ihre Research-Teams auf Basis der im Internet frei verfügbaren Informationen eine erste Vorauswahl vor. Warum? Ganz einfach: Nicht jeder, der fachlich geeignet ist, will den Job auch wirklich. Es wäre schlichtweg vergeudete Liebesmüh, einem hochqualifizierten Topkandidaten hinterherzujagen, wenn von Beginn an nahezu hundertprozentig klar ist, dass er nicht wechselwillig ist.

Die genauen Anhaltspunkte, nach denen ein potenzieller Kandidat ausgewählt oder aussortiert wird, sind vielfältig. Es handelt sich überwiegend um Erfahrungswerte, die sich jeder Personalberater im Laufe der Zeit aneignet. Vermutlich hat jedes Beratungshaus einen eigenen internen Katalog an Kriterien oder Voraussetzungen, die ein Kandidat erfüllen sollte, oder auch interne Codenamen, die für ein spezifisches Profil stehen. Mehr dazu erfahren Sie im Abschnitt »Problemlöser-ABC«.

Bäumchen, wechsle dich?

Laut dem Manager-Barometer 2017/2018 der Personalberatung Odgers Berndtson, für das rund 1 900 Führungskräfte aus Deutschland, Österreich und der Schweiz befragt wurden, machen sich die Manager im deutschsprachigen Raum über ihren nächsten Karriereschritt zunehmend Gedanken. Also auf den ersten Blick eine erfreuliche Nachricht für Personalberater! Die Befragten gaben mehrheitlich an, in ihrer aktuellen Position zufrieden (rund 54 Prozent) oder sehr zufrieden (rund 24 Prozent) zu sein. Die Frage, ob ein Wechsel in den nächsten Monaten wahrscheinlich sei, bejahten dennoch mehr als 40 Prozent der Manager – und zwar Frauen ebenso wie Männer. Es kommt aber auch auf die Branche ab, ob Führungskräfte mit diesem Gedanken spielen. Manche sind nicht sonderlich wechselwillig, vor allem nicht in der Branche der Unternehmensberater und Wirtschaftsprüfer, wohingegen die Wechselbereitschaft im Bereich Energie/Versorger sowie Telekommunikation, Medien und Technologie am höchsten ist, so die Ergebnisse der Studie.[5] Ein bunter Mix also.

Für das aktuelle Manager-Barometer wurde aber auch nach Beweggründen für einen Wechsel in ein anderes Unternehmen gefragt. Die fünf wichtigsten Wechselgründe sind demnach: fehlende berufliche Perspektive, Zweifel an der Zukunftsfähigkeit des derzeitigen Arbeitgebers, Unterforderung bei der Arbeit, mangelnde Wertschätzung sowie mangelnde Work-Life-Integration. Ein interessanter Aspekt dabei: Tatsächlich wurde das unzureichende Gehalt in dieser Befragung erst an sechster Stelle genannt. Mit einem höheren Jahreseinkommen allein lockt man also längst keinen fähigen Manager mehr hinter dem Ofen hervor. Es muss schon mehr geboten werden!

Mitentscheidend ist zudem, ob ein neuer Job einen Umzug bedeutet oder man pendeln muss. Das Stichwort Work-Life-Integration wird nach den Ergebnissen der Studie immer wichtiger, doch auch die Zukunftsfähigkeit des potenziellen Arbeitgebers gewinnt als Entscheidungskriterium bei der Jobwahl zunehmend an Bedeutung. Als die drei wichtigsten persönlichen Motivatoren von Führungskräften identifizierte das Manager-Barometer den Einsatz persönlicher Stärken und Begabungen, die Freude an der Führungsaufgabe sowie die Arbeitsinhalte. So einige scheuten jedoch das Erklimmen der Karriereleiter: Bei einem Aufstieg hätten sie unter anderem die Sorge, sie müssten auf der nächsthöheren Ebene eher politisch taktieren, oder fürchteten negative gesundheitliche Auswirkungen durch die Mehrbelastung.

Karriere nicht um jeden Preis

Eine wesentliche Erkenntnis des Manager-Barometers 2017/2018 lautet: Karriere ja, aber nicht um jeden Preis. »Die Anzahl der Manager, die das Maximum ihrer Karriere erreichen wollen, ist erstmalig geringer als die Anzahl derjenigen, die mit der erreichten Hierarchiestufe zufrieden sind«, heißt es darin.[6] Anders ausgedrückt: Wer sich wohlfühlt, bleibt dort, wo er ist. Die Ergebnisse der Studie decken sich mit meinen Erfahrungen. Wie bereits angedeutet: In Branchen und Firmen, denen es insgesamt gut geht, sind potenzielle Kandidaten weniger wechselwillig. Für sie gilt das Motto »Never touch a running system«, denn derzeit läuft ja alles gut bei ihnen und das möchten sie nicht aufs Spiel setzen. Das stellt Personalberater bei der Gewinnung von vielversprechenden Kandidaten vor eine besondere Herausforderung.

Sicherlich könnte man vorrangig versuchen, die ohnehin Unzufriedenen anzusprechen. Bei ihnen sollte es auch relativ leicht sein, einen passenden Köder zu platzieren beziehungsweise grundlegendes Interesse an einem Gespräch zu wecken. Trotzdem: Selbst unzufriedenen Führungskräften steht der Wechselwille nicht auf die Stirn geschrieben. Der Personalberater kann also nicht im Vorfeld mit Sicherheit wissen, ob er einen unzufriedenen oder einen zufriedenen Kandidaten anruft. Richtig knifflig wird es, wenn die absoluten Wunschkandidaten ausgerechnet zu den Zufriedenen zählen. Da muss man schon schwerere Geschütze auffahren.

Follow-up: Den geeigneten Köder auswerfen

Mein Team und ich erleben es immer wieder: Kandidaten wollen spätestens beim ersten Termin mit dem Personalberater, meist aber schon früher, nämlich beim ausführlichen Follow-up-Telefonat, viele Dinge wissen. Der Personalberater versucht natürlich, die wichtigsten Fragen eines potenziellen Kandidaten zu antizipieren und die entsprechenden Antworten parat zu haben. Denn nichts ist peinlicher und unprofessioneller, als im Gespräch bei essenziellen Fragen mehrfach zugeben zu müssen: »Na ja … Also, das weiß ich jetzt gar nicht so ganz genau. Aber ich frage gerne noch einmal für Sie nach.« Mit jeder nicht beantworteten Frage sinkt die Wahrscheinlichkeit, dass der Kandidat sich motiviert fühlt, bei dem Jobangebot seinen Hut in den Ring zu werfen.

Das bedeutet: Für das Folgetelefonat braucht der Personalberater Munition – je mehr, desto besser. Seine Überzeugungskraft steht und fällt mit den Argumenten, die er zugunsten eines Wechsels ins Feld führen kann. Hier zeigt sich erneut, wie essenziell ein ausführliches, möglichst lückenloses Briefing ist: Headhunter und ihre Research-Teams repräsentieren das auftraggebende Unternehmen beim Kandidaten und sollen für es tüchtig die Werbetrommel rühren. Das funktioniert aber überhaupt nicht mit gefährlichem Halbwissen. Zu den wichtigsten grundlegenden Informationen zu der offenen Stelle zählen die Aufgaben und besonderen Anforderungen in der angebotenen Position, das Jahresgehalt sowie gegebenenfalls Bonusleistungen oder andere attraktive Details wie etwa Entwicklungspotenziale. Allgemeine Informationen zum Unternehmen und zur Branche, zum Arbeitsort sowie zu den Arbeitsbedingungen, wie etwa anfallende Reisetätigkeiten, verstehen sich von selbst. Einige Fragen werden allerdings nicht am Telefon erörtert, sondern beim ersten persönlichen Treffen.

Beim Follow-up geht es neben der grundlegenden Information für den Kandidaten darum, einen passenden individuellen Köder für diese

Person auszuwerfen. Die Ausgangslage ist ja in der Regel identisch: Der Wunschkandidat hat bereits einen sehr guten Job und diesen erledigt er in seiner aktuellen Firma auch schon sehr überzeugend. Vermutlich verdient er hier bereits einen ordentlichen Batzen Geld und ist im Grunde mit seiner Situation zufrieden. Verständlicherweise wird es kein Kinderspiel werden, ihn aus seiner Komfortzone herauszulocken. Das bedeutet, der Personalberater hat die Aufgabe, den Kandidaten auf Chancen aufmerksam zu machen, die ein Jobwechsel mit sich bringen könnte und die er bisher gar nicht als solche erkannt hat. Die Kunst besteht darin, einen Samen auszusäen für den Wunsch, sich zu verändern, sich zu verbessern, nach mehr oder nach Neuem zu streben. Der Headhunter muss verlockende Optionen vor dem Kandidaten ausbreiten, die er mit hoher Wahrscheinlichkeit nicht oder nur schwer ausschlagen kann oder über die er zumindest nachzudenken bereit ist.

Das klingt jetzt schon gar nicht mehr so simpel, oder? Ist es auch nicht! Hierfür braucht es eine große Portion Feinfühligkeit und Gespür am Rande des Hellsehens: Was kann man einer bestimmten Person sinnvollerweise anbieten? Was könnte sie dazu verführen, sich das vorliegende Jobangebot genauer anzusehen und in ein Treffen mit dem Personalberater einzuwilligen? Natürlich muss der ausgeworfene Köder realistisch sein! Wer vollmundig ein Millionenhonorar verspricht, das beim Vorstellungsgespräch vor Ort beim Auftraggeber nur noch auf einen Bruchteil dessen zusammenschrumpft, oder utopische Zuständigkeiten in Aussicht stellt, dem geschieht es mehr als recht, wenn ihm diese leeren Versprechungen auf die Füße fallen. So etwas kann und wird sich kein seriöser Personalberater leisten!

Erste Anhaltspunkte, welches ein geeigneter Köder für einen bestimmten Kandidaten sein könnte, findet das Research-Team manchmal schon bei der Recherche rund um die derzeitige Position und den aktuellen Arbeitgeber. Im Folgenden beschreibe ich Ihnen einige Beispiele aus dem Headhunting-Alltag.

Mehr davon

Herr Schmidbauer hat es in dem Mobilfunkunternehmen, bei dem er bereits sechs Jahre arbeitet, weit gebracht. Er ist Abteilungsleiter, super qualifiziert und macht seine Arbeit gut. Über ihm ist nur noch der Bereichsleiter. Doch der ist schon über vierzig und sitzt in seiner Position fest im Sattel. An ihm kommt er die nächsten fünfzehn Jahre garantiert nicht vorbei. Das Organigramm auf der Internetseite des Unternehmens lässt zudem vermuten, dass auch rechts oder links keine Spur vorbeiführt.

Doch dieser Kandidat, so leitet das Personalberatungsteam aus den zur Verfügung stehenden Informationen ab, sieht sich selbst noch nicht am Ende seiner Karriere, würde sich vermutlich gerne weiterentwickeln. Das könnte er in der neuen Position in dem auftraggebenden Unternehmen. Die potenzielle Chance: ausscheren auf die Überholspur und die eigene Entwicklung und Karriere fördern durch einen Jobwechsel.

Aus all den frei verfügbaren Informationen ziehen die Profis die Schlussfolgerung. In dieser Firma ist für Herrn Schmidbauer das Ende der Karriereleiter zumindest auf absehbare Zeit erreicht. Im Gespräch mit ihm beschreibt der Personalberater daher vor allem die Aufstiegsmöglichkeiten, die ein Jobwechsel mit sich bringt. Er betont zudem, dass ein Wechsel in eine andere Firma an sich schon der nächste Schritt auf der Karriereleiter für ihn ist, da er dort gleich zu Beginn einen Bereich eigenverantwortlich leiten wird. Mit dieser Argumentation liegt der Personalberater goldrichtig: Herr Schmidbauer möchte sich gerne mit ihm persönlich treffen und weitere Details besprechen.

Mehr Verantwortung, mehr Möglichkeiten, mehr Mitarbeiter, mehr Work-Life-Balance – alles, was einen Aufstieg, eine Verbesserung, eine Veränderung oder neue Herausforderungen verspricht, eignet sich als Köder. Welcher davon geeignet ist, muss der Personalberater im Laufe des Gesprächs herausfinden. Hinzu kommen die Erkenntnisse aus der vorangegangenen Recherche und den Einschätzungen des Research-Teams, aus denen er wichtige Schlüsse ziehen kann.

Einmalige Gelegenheit

Herrn Brunner hat es im Laufe seiner Karriere in die große weite Welt verschlagen. Nach mehreren Stationen in den USA und Asien bekleidet er nun seit zwei Jahren eine hohe Position in einem erfolgreichen Großkonzern in Süddeutschland. Herr Brunner pendelt am Wochenende schon seit Jahren »nach Hause« und macht schon mal über Twitter oder Facebook seinem Ärger Luft, wenn es aufgrund von Streiks oder schlechtem Wetter mit dem Flieger und der Bahn mal wieder länger dauert oder er mit dem Firmenwagen ewig im Stau steht. Dass er sehr heimatverbunden ist und den hohen Norden schmerzlich vermisst, kann der Personalberater aus vielen seiner Interessen, die er während des Telefonats erwähnt, erahnen. Neben der Familie leben sicher auch weitere Verwandte, Freunde und Bekannte in Herrn Brunners Heimatregion.

Wie es der Zufall will, hat der Auftraggeber seinen Hauptsitz im Norden – zwar nicht in Herrn Brunners Heimatstadt, aber doch nahe genug, dass sich die tägliche Fahrtzeit erheblich reduzieren würde. Diesen Aspekt hebt der Personalberater beim Follow-up natürlich besonders hervor. Durch einen Jobwechsel wäre eine »Wiedervereinigung« mit der Familie und seiner Heimat möglich. Wenn das keine tolle Chance ist!

Das findet auch Herr Brunner und will gerne noch viel mehr erfahren. Das Gespräch kommt in Gang und am Ende verspricht er dem Personalberater, gleich am nächsten Tag einen aktuellen Lebenslauf zu schicken. Er will seinen Hut definitiv für den Posten in den Ring werfen!

Ich kenne kaum jemanden, der Pendeln liebt. Viele akzeptieren schlichtweg den Umstand, beruflich viel unterwegs zu sein. Das gehört eben dazu, es ist ein Opfer, das man bringen muss. Gleichzeitig wünschen sie sich insgeheim aber doch eine bessere Vereinbarkeit von Familie und Beruf. Wie das Manager-Barometer 2017/2018 nicht zum ersten Mal bestätigt, stehen Umzüge und Pendeln nicht gerade hoch im Kurs, wenn es um die Wechselmotivation geht: Demnach ist nicht einmal die Hälfte der befragten Führungskräfte bereit, ihren Wohnsitz innerhalb der Bundesrepublik zu wechseln, und lediglich 35 Prozent können sich eine räumliche Trennung von ihren Liebsten vorstellen.[7] Kein Wunder, dass es ein attraktives und zugkräftiges Argument für einen Jobwechsel sein kann, wenn der Kandidat zwar umziehen, danach aber viel weniger oder im Idealfall gar nicht mehr pendeln muss.

Ähnlich stark sind Argumente, die eine womöglich einmalige besondere Herausforderung für den Kandidaten darstellen, die er nur schwer ausschlagen kann, zum Beispiel einen Bereich neu aufbauen oder grundlegend sanieren, einen Posten im Ausland antreten, den Fachbereich oder die Branche wechseln, ein größeres Team führen, mehr Umsatz verantworten et cetera. Alles, was den Stärken des Kandidaten entspricht und ihn in seiner persönlichen Entwicklung voranbringt, kann der Personalberater hier anführen.

Kultureller Unterschied

Frau Blohm steht als nächste mögliche Zielperson auf der Longlist, die der Personalberater von seinem Researcher erhalten hat. Sie scheint auf den ersten Blick jedoch keine besonders aussichtsreiche Kandidatin zu sein. Fachlich ist sie top, aber sie arbeitet derzeit bei einem Mittelständler – der Auftraggeber hingegen ist ein international agierender Konzern. Ob das wirklich zusammenpasst? Der Headhunter ist skeptisch, will sie aber nicht voreilig als potenzielle Kandidatin für die Stelle als Head of Controlling streichen. Und beim Erstkontakt hatte sie schließlich einem tiefer gehenden Follow-up sofort zugestimmt.

Nach einem lockeren Gesprächseinstieg lässt er sie daher erst einmal erzählen, von ihren Vorstellungen, Wünschen und Karriereabsichten. Dabei gewinnt er mehr und mehr den Eindruck, dass Frau Blohm nicht nur fachlich, sondern auch aufgrund ihrer Persönlichkeit doch eindeutig das Potenzial und den Willen hat, bei einem größeren Konzern durchzustarten. Die Frau hat nicht nur einen messerscharfen Verstand, sondern auch ordentlich Biss.

Ein Wechsel zum Großkonzern würde in diesem Fall gut zu ihren Karrierewünschen passen, findet nicht nur der Personalberater, sondern auch Frau Blohm selbst. Die finanzielle Verbesserung ist dabei natürlich auch nicht zu unterschätzen. Auf der Favoritenliste des Headhunters reiht sich diese Kandidatin nach dem Follow-up nun weiter vorne ein. Er ist schon gespannt, ob sich dieser Eindruck beim persönlichen Treffen weiter verfestigt.

Ganz klar: Der Wechsel von einem Mittelständler in ein börsennotiertes Unternehmen ist nicht jedermanns Sache. Es gibt genügend Spezialisten und Manager, die mit den teilweise eklatanten Unterschieden in der Unternehmenskultur nicht zurechtkommen. Börsennotierte internationale Konzerne agieren sehr strategisch und extrem zahlengetrieben. Zahlreiche Strukturen und Prozesse halten die Maschinerie am Laufen, zwischen Topmanagement und Facharbeiter gibt es selten wahre Berührungspunkte, Silodenken und politische Machtspiele sind keine Seltenheit.

Doch umgekehrt haben auch so manche Kandidaten die Nase voll von starren Konzernstrukturen, dem ständigen Wechsel an der Führungsspitze, den andauernden Gerüchten über feindliche Übernahmen oder anstehende Fusionen. Mit ihrem Arbeitgeber können sie sich kaum noch identifizieren und sehen keinen Sinn mehr in ihrer Tätigkeit: Sie fühlen sich in ihrem Verantwortungsbereich eingeengt und gegängelt. Da kann ein Einstieg bei einem mittelständischen Unternehmen durchaus verlocken.

Im Mittelstand geht es teilweise hemdsärmeliger zu: Da packt auch schon mal der Chef mit an, wenn's eng wird. Die Strukturen sind in der Regel schlanker, die Entscheidungswege kürzer. Natürlich kann die fehlende Distanz zur Geschäftsführung auch ein Nachteil sein, etwa wenn der Inhaber wenig Verantwortung und Entscheidungsmacht an die Bereichs- oder Abteilungsleiter abgeben will. Für interessierte Kandidaten bedeutet ein Wechsel in den Mittelstand zum Beispiel, dass sie ihr Aufgabenspektrum verändern, in einer flacheren Hierarchie mehr erreichen und ihren Beitrag zum Unternehmenserfolg unmittelbar leisten können. So mancher Kandidat nimmt dafür sogar Abstriche in Kauf, zum Beispiel einen weniger attraktiven Wohnort oder sogar ein geringeres Jahresgehalt.

Für andere Typen käme so etwas »überhaupt nicht in die Tüte«, weil sie mit Mittelstand automatisch Attribute wie »behäbig«, »rückständig« oder »provinziell« verbinden – und denen ist herzlich egal, ob dies den Tatsachen entspricht oder nicht. Dabei gibt es hierzulande ja zahlreiche extrem erfolgreiche Mittelständler, die auf ihrem Gebiet zu den Weltmarktführern zählen – Stichwort Hidden Champions. Doch Menschen sind nun einmal mit diversen Vorurteilen behaftet, demzufolge ergibt es wenig Sinn, so jemanden von den Vorzügen eines mittelständischen Unternehmens überzeugen zu wollen. Ein erfahrener Personalberater kann die Zeichen in der Regel richtig deuten und sich schnell ein Bild davon machen, ob es ein Gewinn für alle Beteiligten wäre, den jeweiligen Kandidaten in eine völlig andere Unternehmenskultur, egal ob im Mittelstand oder im Dax-Konzern, zu verpflanzen oder nicht.

Persönlich: Das konspirative Treffen

Zeigt ein potenzieller Kandidat Interesse an der beschriebenen Stelle und am Unternehmen (falls die Identität des Auftraggebers schon früh im Prozess gelüftet wird), fordert der Personalberater zunächst einen Lebenslauf des Kandidaten an. Um es noch einmal deutlich zu sagen: Das betrifft nur solche Zielpersonen, die der Headhunter noch nicht persönlich kennt. Bei »alten Bekannten«, die schon in der Datenbank stehen, läuft das natürlich sehr viel einfacher und schneller.

Wie dem auch sei: Mich überrascht es immer wieder, dass für manche Kandidaten das Erstellen eines aktuellen Lebenslaufs schon eine echte Hürde darstellt. Sie schaffen es nicht, mir ein CV zu schicken, oder verweisen lapidar auf ein mehr oder weniger gut gepflegtes Xing- oder LinkedIn-Profil. Doch ein Headhunter ist kein Karrierecoach – und wer keinen Lebenslauf erstellen mag oder kann, ist sicher nicht wirklich bereit für einen Jobwechsel, sondern möchte eher seinen derzeitigen Marktwert testen.

Kommen vielversprechende Kandidaten über das Research-Team, leitet dieses deren Lebensläufe an den Berater weiter, zusammen mit einer Begründung, warum diese Personen seiner Ansicht nach in die engere Auswahl gehören. Ein erstes Bauchgefühl und einige Zusatzinformationen gibt es bei den erfahrenen Researchern als i-Tüpfelchen dazu: Welcher Kandidat passt wie die Faust aufs Auge, welcher passt ganz gut? Bei welchen Personen gibt es Besonderheiten und spezielle Diskussionspunkte? Dazu zählen zum Beispiel Details wie: »hat gerade ein Eigenheim gebaut«, »würde pendeln«, »Unterstützung seitens des Ehepartners gesichert/fraglich« und so weiter. Eben alles, was der Personalberater bei einem persönlichen Treffen ansprechen und gegebenenfalls klären muss.

Kommunizieren, kommunizieren und noch mal kommunizieren

Eine saubere Übergabe zwischen Researcher und Personalberater ist in dieser Phase in meinen Augen enorm wichtig, mindestens genauso wichtig wie das anfängliche Briefing vor dem Beginn der Suche. Schließlich hat der Researcher, wenn er für den Erstkontakt zuständig ist, im Vorfeld schon alles Mögliche beim Kandidaten abgefragt. Es macht keinen guten Eindruck, wenn ein Headhunter aus Unwissen, Unaufmerksamkeit oder schlichtweg aus Ignoranz keinen Wert auf den Input seines Teams legt und dem Interessenten daher noch einmal ein und dieselben Fragen stellt. Das wirft ein schlechtes Licht auf die ganze Recruiting-Aktion und vergrault am Ende vielversprechende Kandidaten. Unter dem Strich ist es schlicht und ergreifend unprofessionell. Kommunikation zwischen dem Research-Team und Personalberater ist zudem wichtig, weil sich eventuelle Fehleinschätzungen nur mithilfe von offenem Austausch und Feedback in Zukunft vermeiden lassen.

Was ich hierzu aber ergänzen muss: In der Tat erinnern sich die Kandidaten in der Praxis oftmals nur noch an einen Bruchteil dessen, was sie vom Research-Team erfahren haben. Das fällt mir immer wieder auf, da ich natürlich weiß, was meine Profis den Kandidaten bereits über das Jobangebot und gegebenenfalls über das auftraggebende Unternehmen erzählt haben. Die Aufnahmefähigkeit am Telefon scheint in vielen Fällen doch eher begrenzt. Vielleicht ist es die Aufregung, wer weiß …

Vertrauensvolle Begegnung

Der Personalberater kümmert sich in der nächsten Phase des Such- und Auswahlprozesses um das Feintuning und klopft dazu bei einem persönlichen Treffen noch genauer ab, welche der von ihm kontaktierten oder vom Researcher vorgeschlagenen Personen tatsächlich der gesuchte Problemlöser sein könnten. Bis zu diesem Zeitpunkt hat der Kandidat so manches Mal noch keinen blassen Schimmer, welches Unternehmen tatsächlich hinter dem Jobangebot steckt. Dieses Geheimnis wird aber spätestens jetzt gelüftet.

Wie läuft so ein Treffen ab? Bei Bedarf stellt der Personalberater sich und das auftraggebende Unternehmen als Erstes vor. Danach lautet die Preisfrage, ob der Kandidat für den Job tatsächlich uneingeschränkt geeignet ist. Dazu versucht der Personalberater herauszufinden, ob dieser eine vergleichbare Aufgabe hinsichtlich Inhalt, Umfang und Komplexität schon früher erfolgreich gemeistert hat. Zudem ist die Frage zu klären, ob ein Wechsel in das auftraggebende Unternehmen für den Interessenten überhaupt sinnvoll ist. Das mag im ersten Augenblick paradox erscheinen, weil, wie schon gesagt, der Kandidat schließlich nicht den Personalberater für ein Karrierecoaching bezahlt, sondern der Auftraggeber ihm ein Honorar für das Auffinden von geeigneten Interessenten überweist. Nichtsdestotrotz geht es unter dem Strich immer um den Perfect Fit, die beste Lösung für beide Seiten. Wird ein Kandidat von einem Personalberater in eine Position vermittelt, die für ihn von vornherein nicht ideal ist, nur damit der Headhunter den Fall als gelöst abhaken und sein Honorar kassieren kann, lässt sich das in meinen Augen nicht als seriöse Personalberatung bezeichnen, die an einer nachhaltigen Lösung interessiert ist.

Das Wichtigste ist, dass es dem Personalberater gelingt, eine Vertrauensbasis aufzubauen. In einem offenen, ehrlichen Gespräch legt er dar, welches Problem der Kandidat bei dem Unternehmen lösen soll, welche Erwartungshaltung beim Auftraggeber vorherrscht, was der Kandidat nach einem Jobwechsel dort genau zu tun haben würde und womit er gegebenenfalls rechnen müsste. Dabei gibt es keinen Raum für Beschönigungen: Egal ob wirtschaftliche Schieflage, unterirdisches Betriebsklima oder völliges Chaos – alles Relevante muss offengelegt werden. Jede Frage des Interessenten ist erlaubt, zum Unternehmen, zum Umfeld, zu dem Bereich, den er später verantworten soll, et cetera.

Der Kandidat muss lückenlos erfahren, worauf er sich einlässt, sonst kann er keine kluge und stimmige Entscheidung treffen. Tatsachen und Schwierigkeiten zu verschweigen hilft niemandem. Spätestens in den ersten Tagen nach seinem Arbeitsantritt wird der neue Stelleninhaber zwangsläufig mit der bitteren Realität konfrontiert und versagt in der Folge womöglich bei seinem Job, weil er darauf schlichtweg nicht vorbereitet war. Oder er springt im letzten Moment kurz vor der Vertragsunterzeichnung ab, weil er vermutet, dass beim Auftraggeber etwas im Busch ist, wovon er nichts weiß. Mehr zu diesem kniffligen Thema erfahren Sie in Kapitel 3, *»Verhängnisvolle Geheimniskrämerei«*.

Referenzen: Was andere sagen

Bei der Einschätzung der Kandidaten verlasse ich mich jedoch – ebenso wie meine Kollegen – nicht allein auf deren eigene Aussagen während des Interviews, natürlich nicht! Auch was im Umfeld über eine Person gesagt wird, wer sie aus welchem Grund als Kandidat empfiehlt, fließt in meine Überlegungen ein. Vom Research-Team erhalte ich ebenfalls wertvolles Feedback zum ersten Eindruck der Interessenten, den es bei den Telefonaten mit ihnen erworben hat. Und grundsätzlich gilt, wie so oft im Leben: Der erste Eindruck zählt und auf der Basis von Erfahrungswerten muss diese Ersteinschätzung in den seltensten Fällen korrigiert werden.

Nicht selten fragt der Personalberater den potenziellen Kandidaten nach Referenzen, also etwa von vormaligen Vorgesetzten, Kollegen oder

Mitarbeitern, die er anrufen darf. Sinn der Übung: die Selbstwahrnehmung und die Fremdwahrnehmung kritisch unter die Lupe nehmen. Der Headhunter meldet sich also bei den genannten Personen und möchte wissen: Wie war der Kandidat generell? Wie verhielt er sich als Chef, als Kollege, als Mitarbeiter? Würde der Gesprächspartner gerne wieder mit ihm arbeiten? Und wie gut passen diese Aussagen zu denen des Kandidaten: Sind sie deckungsgleich oder gibt es Abweichungen?

Nun kann man natürlich einwenden, dass solche Referenzen nicht sonderlich aussagekräftig sein können, da der Kandidat in der Regel ja clever genug ist, nur Leute anzugeben, die ihm wahrscheinlich wohlgesinnt sind und ihn in einem guten Licht erscheinen lassen. Hier trennt sich meiner Meinung nach wieder mal die Spreu vom Weizen: Gute, erfahrene Personalberater sind selbst dann in der Lage, durch geschickt gestellte Fragen den Gesprächspartnern auch nicht ganz so vorteilhafte Informationen zu entlocken (»Hm, ja, stimmt, da war doch diese Sache damals …«; »Na ja, so ganz perfekt ist es nicht immer gelaufen, zum Beispiel beim Projekt X …«), und sie können zudem gut zwischen den Zeilen lesen.

So setzt sich aus unterschiedlichen Gesprächen, sozusagen aus vielen Mosaiksteinchen, im Abgleich mit den Aussagen des Kandidaten am Ende ein recht klares Gesamtbild zusammen.

Problemlöser-ABC: Typen für besondere Fälle

Viele Wissenschaftler, vor allem Persönlichkeitspsychologen, befassen sich professionell mit der Einordnung von Personen zu bestimmten Typen oder in Kategorien, die einem bestimmten Persönlichkeitsprofil entsprechen. Sie wollen erfahren, was einen Menschen von einem anderen unterscheidet, wie wir ticken und warum wir uns so verhalten, wie wir es tun. Sie entwickeln unzählige ausgeklügelte Methoden, beispielsweise den Myers-Briggs-Typenindikator (MBTI),[8] das sogenannte Big-Five- oder OCEAN-Persönlichkeitsmodell[9] und wie sie alle heißen.

Detaillierte Persönlichkeitsanalysen überlasse ich liebend gerne den Profis, das ist deren Baustelle. Daher gehe ich im Folgenden weder darauf ein, wie die genannten Methoden oder andere Persönlichkeitstests funktionieren, noch diskutiere ich, ob sie in der Praxis sinnvoll eingesetzt werden können oder was dagegenspricht. Das soll jeder für sich selbst entscheiden und das nutzen, was für ihn am besten funktioniert.

Ich persönlich finde, Personalbesetzung ist zu einem Großteil Erfahrungssache. Wenn Sie Fußballscout sind und haben in Ihrer langen Karriere viele Spieler auf dem Rasen gesehen, können Sie meist auf den ersten Blick beurteilen, wie groß deren Talent ist: »Der spielt ganz gut, aber er ist sicher kein Messi.« Diese Einordnung fällt einem geschulten Auge naturgemäß leichter als einem Laien. Es ist auch keine ausgeklügelte Wissenschaft, sondern hat mehr mit guter Intuition, gepaart mit den richtigen Fragen zu tun.

Meine »Methode« ist also in dem Sinne eher unwissenschaftlich und – das gebe ich gerne offen zu – nicht allein auf meinem Mist gewachsen. Ihren Ursprung hat sie bei meinen Kollegen, die Grundlagen stammen also aus meinen Anfangsjahren in der Personalberatung.[10] Das hat sich in meinen Augen bewährt und über die Jahre habe ich diese Vorgehensweise für mich weiterentwickelt und verfeinert, sodass meine Methode mir in der Regel gute Ergebnisse liefert. Ich werde Ihnen an dieser Stelle nicht alles über meine persönliche Einschätzung von Kandidaten verraten, aber Sie werden einen Einblick erhalten, worauf es mir – und sicherlich auch vielen meiner Personalberaterkollegen – dabei ankommt. Jeder hat dafür sein eigenes »System« und geht auf seine persönliche Art und Weise vor.

Doch wie typisiert man nun potenzielle Kandidaten? Erst einmal lassen sich die gesuchten Problemlöser grob in drei Kategorien einteilen:

- *A wie »Administrator«:* Dieser Typ mag Zahlen, Daten, Fakten. Er ist sehr analytisch, kennt alle Pläne bis ins letzte Detail und die wichtigsten Kennzahlen aus dem Effeff – und zwar inklusive dritter Nachkommastelle. Er weiß immer, was gebraucht wird, was noch da ist, was besorgt werden muss, wie die Dinge stehen. Er ist die wandelnde Inventarliste des Unternehmens. Ein typischer Administrator im Unternehmenskontext ist der Chief Financial Officer, kurz CFO.

- *B wie »Builder«:* Dieser Typ schreitet zielstrebig voran. Er ist der Macher, der weiß, was er tut und was getan werden muss. Er weiß auch, wo es idealerweise langgeht, und sobald er sich für eine vielversprechende Marschrichtung entschieden hat, folgt er seiner Erfahrung und seinem Instinkt. Er motiviert die anderen Beteiligten, bei seinem Vorhaben mitzuziehen, insbesondere wenn es voraussichtlich eine Reise voller Hindernisse sein wird. Er kann das gesamte Team auf ein noch in weiter Ferne liegendes Ziel einschwören und dazu bringen, die letzten Kraftreserven anzuzapfen, damit dieses Ziel erreicht werden kann. Der Vertriebschef oder der Chief Executive Officer, kurz CEO, sind die Macher im Unternehmenskontext.
- *C wie »Cleaner«:* Dieser Typ ist fürs Aufräumen und Ausmisten wie geschaffen. Er erkennt präzise, was sich lohnt und was nicht. Er identifiziert Ressourcenverschwendung ebenso wie ungenutztes Einsparpotenzial und setzt rigoros entsprechende Sparmaßnahmen durch. Dabei kennt er kein Erbarmen. Was oder wer weg muss, muss eben weg, damit die Zukunftsfähigkeit gewährleistet wird. Diesem Typ entspricht im Unternehmenskontext der Restrukturierer.

Ich verlasse mich auf diese drei Grundtypen, gepaart mit zusätzlichen Faktoren, um eine erste Einschätzung vorzunehmen, sowie meine langjährige Erfahrung und mein Bauchgefühl. Natürlich ist niemand zu 100 Prozent Typ A oder Typ B oder Typ C – es ist fast immer eine Mischung. Daher frage ich mich bei jedem Kandidaten: »Wie sieht hier die Verteilung auf die drei Typen aus, wenn insgesamt 100 Prozent zu vergeben sind? Welcher Typus überwiegt dann?« Im Anschluss kommen weitere ausschlaggebende Kriterien hinzu, die ich aufgrund von langjährigen Erfahrungswerten als gute Indikatoren für die Eignung eines Kandidaten für Führungspositionen betrachte. Ein paar davon verrate ich Ihnen im Folgenden.

Augenmaß

Bei diesem Kriterium geht es um die häufig anzutreffende Diskrepanz zwischen Selbst- und Fremdwahrnehmung. Die Fähigkeit, sich selbst realistisch einzuschätzen, also ohne falsche Bescheidenheit und ohne übermäßiges Eigenlob das eigene Können darzustellen, ist enorm wichtig für eine Führungspersönlichkeit. Ein Beispiel aus dem Alltag verdeutlicht das ganz gut: Stellen Sie sich mal vor, Sie bitten jemanden, sich eine Schulnote für seine Fähigkeiten als Autofahrer zu geben.

- *Schlechtes Augenmaß:* Der Kandidat verpasst sich selbstbewusst »natürlich« eine Eins mit Stern – mindestens! Das ist seine Selbstwahrnehmung: Er ist der Beste der Besten der Besten, was das Autofahren angeht. Davon ist er felsenfest überzeugt. Sein Umfeld, so finden Sie durch weitere Nachfragen heraus, würde ihm jedoch höchstens eine Vier geben. Die Fremdwahrnehmung weicht also ganz erheblich von der Selbstwahrnehmung ab. Das gibt insgesamt ein schlechtes Bild ab, sowohl hinsichtlich seiner Kompetenz, ein Fahrzeug sicher zu lenken, als auch beim Augenmaß, sein Knowhow realistisch einzuordnen. Das bedeutet, nun wieder auf das Unternehmerische bezogen: Wer sich selbst über den grünen Klee lobt und bei dem sich dieses Lob schon bei der ersten Überprüfung als heiße Luft entpuppt, sollte sich nicht wirklich wundern, dass der heiß ersehnte Traumjob in einer Spitzenposition lange auf sich warten lässt.
- *Gutes Augenmaß:* Der Kandidat gibt sich selbst eine solide Zwei. Das Umfeld schwankt zwischen Zwei plus und Drei plus. Hier sind Fremd- und Selbstwahrnehmung so gut wie deckungsgleich. Diese Person verfügt demnach über ein gutes Augenmaß, zumindest was ihre Fahrkünste angeht. Wer seine Kompetenzen realistisch

einzuschätzen vermag, ist in Führungspositionen gerne gesehen. Denn hier braucht man weder einen Hans Guck-in-die-Luft noch einen Baron Münchhausen.

Ein anderes Beispiel, mal wieder aus dem Sport: Angenommen, Sie fragen Lionel Messi, welche Note er sich beim Fußballspielen gibt. Er antwortet:»Eins mit Sternchen.« Wären Sie überrascht? Fänden Sie ihn eingebildet oder arrogant, nur weil er sich zu Recht als tollen Fußballer sieht? Vermutlich nicht. Gibt er dieselbe Antwort auf die Frage, wie er seine Kompetenz bei steuerlichen Belangen einschätzt, sieht es hingegen mit seinem Augenmaß offenbar nicht ganz so rosig aus – die »Panama Papers« lassen grüßen.[11]

Zugegeben, es ist schwer, in dieser Kategorie die Höchstnote zu schaffen, denn wir sind nun einmal alle nur Menschen und daher subjektiv und fehlerbehaftet bei der Selbsteinschätzung. Es erfordert viel Übung und Reflexion, um zu einem »objektiveren« Bild seiner selbst zu kommen. Das gelingt uns unterschiedlich gut. Es kommt durchaus vor, dass eine Person hinsichtlich einiger Eigenschaften oder Fähigkeiten gutes Augenmaß an den Tag legt, sich in anderer Hinsicht aber völlig über- oder unterschätzt.

Im Headhunting-Alltag begegnet mir das immer wieder: Manche Kandidaten behaupten im Brustton der Überzeugung, alle nötigen Voraussetzungen, Kenntnisse und Fähigkeiten für eine zu besetzende Stelle mitzubringen. Und was soll ich sagen – sie haben vollkommen recht. Das sind die Stars der Branche mit gutem Augenmaß. Andere Interessenten schreien zwar ganz laut »Ich bin garantiert der Richtige für den Job!« – erfahrungsgemäß häufig die selbst ernannten Herren der Schöpfung –, doch bei genauerer Betrachtung entpuppt sich diese schmeichelhafte bis überbordende Selbstdarstellung oftmals als heiße Luft. Solche Kandidaten haben aufgrund ihrer bisher guten bis sehr guten Leistung einen Höhenflug und glauben selbst in der Tat felsenfest daran, dass sie alles, aber auch wirklich *alles* können. Nicht einmal Fliegen halten sie in dem Zustand vermutlich für ausgeschlossen.

In dem Zusammenhang fällt mir immer ein Erlebnis bei einem Erstgespräch mit einem potenziellen Kandidaten für einen Vorstandsposten ein, dem ich beiwohnen durfte. Einer meiner Kollegen nahm einem solchen Überflieger darin gekonnt den Wind aus den Segeln:

> Mein Personalberaterkollege hörte sich die Ausführungen des Kandidaten geduldig an. Dann sah er ihn durchdringend an, beugte sich leicht vor und sagte in nüchternem Tonfall zu ihm: »Wissen Sie was? Ich tue Ihnen jetzt einen Gefallen. Ich werde Sie nicht als Vorstand vorschlagen.«
>
> Der Kandidat, seines Zeichens Absolvent einer Eliteuniversität, ausschließlich mit Bestnoten gesegnet und seit zwei Jahren Partner in einer namhaften Beratungsgesellschaft, staunte nicht schlecht. Den Gesprächsverlauf hatte er sich offenbar ganz anders vorgestellt. »Wie bitte?!« Das war das Einzige, was er in dem Moment hervorpressen konnte. Er rang sichtlich um Fassung.
>
> »Sie haben schon richtig gehört. Ich schlage Sie nicht vor. Und ich verrate Ihnen auch, warum: Sie sind zweifellos der beste Berater, den ich kenne, aber Sie sind nicht in der Lage, zwanzigtausend Leute zu führen – zumindest jetzt noch nicht.«

Autsch! Das hat sicher gesessen, aber ich muss sagen, die Entscheidung erfolgte ganz im Sinn des Auftraggebers. Denn ein schlauer Kopf zu sein verleiht nicht automatisch Führungsqualitäten. Und wenn sich im Gespräch mit dem Kandidaten herausstellt, dass dieser seine Fähigkeiten (maßlos) überschätzt, hat er in einer Führungsposition (noch) nichts verloren.

Mut

Bei diesem Kriterium kann man nicht pauschal sagen, welcher Wert als »ideal« einzustufen ist. Es kommt vielmehr auf die zu besetzende Position an. In heiklen Situationen kann es durchaus sinnvoll sein, jemanden zu haben, der mit einer Haudrauf-Mentalität gesegnet ist und Dinge auf Teufel komm raus durchzieht.

Zum Beispiel der Führer einer Wandergruppe, der todesmutig eine wacklige Hängebrücke betritt, selbst wenn am Horizont ein Jahrhundertsturm aufzieht – und die Wandergruppe folgt ihm, weil er so überzeugend furchtlos vorangeht. Das kann gut gehen, muss es aber nicht. So jemand kann im schlechtesten Fall in den Abgrund stürzen und alle anderen mit sich reißen. Mut allein ist also nicht immer zielführend. Deswegen ist hier ein hoher Wert nicht für jede Position als ideal anzusehen. Vorsicht gilt schließlich nicht umsonst als Mutter der Porzellankiste.

Dennoch erfordern viele Führungspositionen eine ganze Portion Mut. Wer führen will, macht sich stark für seine Vision, für seine Mitarbeiter, für seine Firma. Am mutigsten sind Vorreiter, Pioniere und Garagengründer in jeder Zeit und in jedem Bereich, also all jene, die noch nie Dagewesenes entwickeln und vorantreiben, neue Märkte erschließen, neuartige Technologien einsetzen, und das alles ohne Netz und doppelten Boden. Sie riskieren alles, um ihre Vision zu verwirklichen. Doch auch ein Spitzenmanager ist in meinen Augen mutig, wenn er unternehmerisch denkt und vor allem mit eigenem Einsatz spielt. Er hat also etwas zu verlieren, wenn er wie beim Pokern »all in« geht – und zwar mit mehr als nur Geld, das ihm nicht gehört.

Oftmals kämpft er dabei auch für die Durchsetzung seiner eigenen Ideen, die das Unternehmen (wieder) an die Spitze bringen sollen, die aber vielleicht bei den anderen Beteiligten nicht ganz so gut ankommen, weil der Weg dorthin lang und voraussichtlich sehr steinig sein wird. In solchen Situationen braucht es Mut, gepaart mit Beharrlichkeit. Nämlich den Mut, sich gegen ewige Bedenkenträger durchzusetzen und interne Widerstände zu überwinden – auch wenn man sich damit erst einmal nicht unbedingt viele Freunde macht. Restrukturierer brauchen beispielsweise Mut, weil der Versuch, ein angeschlagenes Unternehmen zu sanieren, schiefgehen kann. Es gibt keinerlei Garantie, dass es klappt.

Fantasie

Ein Wanderführer, der sich am Fuße einer wackligen Hängebrücke befindet und sich trotz der gebotenen Eile aufgrund des aufziehenden Sturms einen Moment Zeit nimmt, um den Blick schweifen zu lassen, entdeckt womöglich einen sicherer erscheinenden Weg – beispielsweise durch die Schlucht oder durch etwas seichteres Wasser. Vielleicht gibt es auch die Möglichkeit, sich in einer Höhle unterzustellen und das Unwetter erst einmal vorüberziehen zu lassen. Das alles mag zunächst ein Umweg sein und die Ankunft der Gruppe verzögern, aber wenn am Ende höchstwahrscheinlich alle Mitstreiter heil das Ziel erreichen, ist der sichere, aber längere Weg manchmal eben doch die bessere Wahl.

Wer sich keine alternativen Lösungsmöglichkeiten vorstellen kann, wem dafür die Fantasie fehlt, ist für so manchen Posten schlichtweg ungeeignet oder kann spezielle Probleme einfach nicht ideal lösen was auch immer das im Sinne des Unternehmens im konkreten Fall bedeutet. Logischerweise sind für alle Positionen, die ein hohes Maß an Kreativität erfordern, Kandidaten mit hohen Werten in der Kategorie »Fantasie« nötig. Aber bei Jobs im Bereich Finance, sagen wir mal als Investmentbanker, sind hohe Fantasiewerte, gekoppelt mit (Über-) Mut kontraproduktiv und sogar gefährlich.

Mir fällt in dem Zusammenhang immer Nick Leeson ein, seinerzeit Derivatehändler in Singapur. Er schaffte es quasi im Alleingang im Jahr 1995, durch eine Vielzahl riskanter Spekulationen die älteste Investmentbank Großbritanniens, die Barings Bank, in den Ruin zu treiben. Bei der Verschleierung der Verluste, die er durch immer riskantere Spekulationen wieder reinzuholen versuchte, bewies er zumindest Einfallsreichtum: »Die Gewinne meldete er der Zentrale, die Verluste hingegen verbuchte er auf einem Geheimkonto, fälschte Dokumente und Abrechnungen und täuschte die Revision«, schrieb die *Frankfurter Allgemeine Zeitung* über den Finanzskandal.[12]

Für einen Leiter der Marketingabteilung oder des Bereichs Business-Development, für einen Chef der Forschungsabteilung oder der Produktentwicklung, für jemanden, der neue Geschäftsideen entwickeln soll oder das Unternehmen internationalisieren oder sonst wie ausweiten soll, hat Fantasie natürlich eine zentrale Bedeutung. Ein Erbsenzähler würde hier nicht weit kommen.

Menschlichkeit

Dieser Faktor scheint auf den ersten Blick essenziell zu sein, doch wenn man genauer hinsieht, merkt man schnell, dass Menschlichkeit nicht immer lösungsorientiert und zielführend sein muss. Klingt hart, ist aber eine Tatsache. Bei einer Unternehmenssanierung zum Beispiel hilft es kaum, wenn der Verantwortliche ein unfassbar netter Kerl ist und »menschelt«. Der Sanierer muss ein knallharter C-Typ sein, also ein Cleaner, vergleichbar mit einem Notarzt.

Die Aufgabe eines Notfallmediziners ist es, schnellstmöglich und emotionslos die richtigen Maßnahmen einzuleiten und so viele Patienten zu retten wie möglich. Dabei zu versuchen, alle Patienten mit Samthandschuhen anzufassen und nebenbei Weltfrieden zu stiften, wäre kontraproduktiv und würde vermutlich noch mehr Opfer bedeuten. Das heißt, ein Notarzt muss mitunter harte, objektiv betrachtet »unmenschlich« wirkende Entscheidungen treffen: Der eine oder andere Patient wird gar nicht behandelt, weil er ein hoffnungsloser Fall ist und ohnehin nicht durchkommt. Stattdessen muss sich der Notarzt auf diejenigen konzentrieren, bei denen noch Hoffnung besteht, so schwer ihm diese Entscheidung auch fallen mag. Fakt ist: Im Katastrophenfall wird es zwangsläufig Opfer geben, das lässt sich nicht vermeiden. Und zum Wohl des großen Ganzen müssen sie erbracht werden.

Das gilt auch im Unternehmenskontext in puncto Sanierung. Jemand, der als Firmenretter angeheuert wird, muss zum einen harte Entscheidungen treffen können und zum anderen mit Gegenwind und Ablehnung zurechtkommen. Denn nicht alle im Unternehmen werden seine Ansichten teilen, seine Entschlüsse gutheißen, geschweige denn ihn mögen. Doch er wurde ja auch nicht engagiert, um mit allen Freundschaft fürs Leben zu schließen, am Lagerfeuer Wanderlieder zu singen und einträchtig mit der gesamten Truppe in den Sonnenuntergang zu reiten. Ein Cleaner kennt keinen Kuschelkurs. Und manchmal braucht es einen harten Hund auch nur, um eine eingeschlafene Mannschaft – vielleicht sogar ein müdes Führungsteam –, die weiter ihren Trott machen will und sich Neuerungen verschließt, wieder auf Zack zu bringen.

Aber auch das muss ich klar sagen: Ein Cleaner ist ganz sicher nicht geeignet, um das gerettete Unternehmen danach weiter erfolgreich in die Zukunft zu führen. Dafür braucht das Unternehmen dann wieder einen anderen Problemlöser, idealerweise einen B-Typ, einen Macher, der eine Vision klar vor Augen hat, mutig vorangeht und die anderen begeistert mitzieht.

Zuverlässigkeit

So sehr mir dieser Begriff in Suchprofilen missfällt, weil er dort so allgemein und beliebig erscheint, so wichtig ist er mir bei der Einschätzung einzelner Kandidaten. Dabei geht es nicht darum, ob ein Kandidat überhaupt zuverlässig ist, denn gerade in Spitzenpositionen ist dieses Attribut unerlässlich. Dieses Kriterium sehe ich als grundlegendes Must-have an, egal welche Position zu besetzen ist. Oder haben Sie schon irgendwann einmal gehört, dass ein Unternehmen auf Unzuverlässigkeit besonderen Wert gelegt hätte? Vermutlich nicht – selbst die Mafia braucht verlässliche, »ehrenwerte« Mitglieder.

Doch auch wenn es auf den ersten Blick selbstverständlich scheint, ist es sinnvoll, die Kandidaten diesbezüglich abzuklopfen und auf diese Weise reine Lippenbekenntnisse frühzeitig zu entlarven. Interessant ist also vielmehr das individuelle Maß an Zuverlässigkeit. Wer hier nach meiner Einschätzung keine hohen Werte erzielt, ist raus! Klare Sache: Einen unzuverlässigen Verantwortlichen für ein Millionenunternehmen kann sich niemand leisten – das geht zulasten aller und gefährdet die Firma.

Auswahl: Und dann waren es nur noch ... wenige

So kann es laufen: Das Research-Team hat während des Suchprozesses für einen neuen Chief Financial Officer rund vierzig Kandidaten für ein großes Textilunternehmen identifiziert und angesprochen. Zehn von ihnen sind interessiert und hinreichend qualifiziert. Diese werden vom Personalberater persönlich interviewt. Danach fällt der Headhunter seine Entscheidung: Sieben Kandidaten landen auf der Shortlist für den Auftraggeber.

Beim nächsten Termin mit dem Aufsichtsrat legt der Personalberater die entsprechenden Profile vor. Drei Interessenten lehnt der Auftraggeber direkt ab – ohne die Kandidaten live kennen gelernt zu haben. Die Begründung: ein Bauchgefühl. Der Rest wird zum persönlichen Gespräch im Hauptsitz des Textilunternehmens eingeladen.

Nach dem Interviewprozess ist ein weiterer Interessent von Auftraggeberseite aus dem Rennen. Bleiben nach Adam Riese nicht mehr viele ... Und ob sich einer der übrigen drei Kandidaten am Ende wirklich für den Job und für das Unternehmen entscheidet, steht zu diesem Zeitpunkt noch in den Sternen.

Wie Sie sehen: Sehr spät im Auswahlprozess, sozusagen kurz vor Schluss, kommt der Auftraggeber wieder richtig ins Spiel. Je nachdem, wie kompliziert die Suche war, können bis dahin sogar mehrere Monate seit der Auftragsvergabe verstrichen sein. Die aussichtsreichsten Kandidaten stehen auf der Shortlist für den Auftraggeber und manchmal gibt der Headhunter gleich bekannt, wer aus seiner Sicht ein Volltreffer und damit ein klarer Favorit ist. Mit einer Empfehlung für einen bestimmten Kandidaten macht sich der Headhunter natürlich in gewisser Weise angreifbar, denn er bürgt für dessen »Qualität« als Problemlöser. Vermag der Neue wider Erwarten nicht zu überzeugen, fällt dies schon mal negativ auf den Personalberater zurück – obwohl er ebenso wenig wie die Auftraggeber hellseherische Fähigkeiten hat.

Präsentation auf dem Papier

Auf die Präsentation der aussichtsreichsten Kandidaten beim Auftraggeber ist der Personalberater gut vorbereitet. Nach den persönlichen Treffen ist das jeweilige Profil der Interessenten schon recht rund: Der Headhunter hat Einblicke in das Berufs- und Privatleben der einzelnen potenziellen Kandidaten erhalten, er kennt sowohl das aktuelle wie auch das angestrebte Gehalt und weiß über die Kündigungsfristen Bescheid. Er hat sich ein Bild von den Personen gemacht und entschieden, ob und warum diese als Problemlöser für das auftraggebende Unternehmen wirklich infrage kommen.

All diese Aspekte fasst der Personalberater bei der Präsentation der vielversprechendsten Lebensläufe für die Entscheider zusammen und macht sie mit den Kandidaten überblicksartig bekannt. Er rührt sozusagen die Werbetrommel für »seine« Kandidaten. Bei Bedarf weist er auf Dinge hin, die intern noch geklärt werden müssten, bevor die Kandidaten zum persönlichen Gespräch ins Unternehmen eingeladen werden.

In dieser Entscheidungsrunde fallen erfahrungsgemäß schon einige Kandidaten raus, ohne dass die Entscheider sie persönlich kennen gelernt haben. Nur wenige werden tatsächlich zum Interview eingeladen.

Kennenlernen live und in Farbe

Beim Vorstellungsgespräch stehen sich der oder die Entscheider und die Kandidaten zum ersten Mal von Angesicht zu Angesicht gegenüber. Und wie heißt es doch so schön: »You will never get a second chance to make a first impression.« Der erste Eindruck zählt – und was viele Auftraggeber vergessen oder ignorieren: Das gilt gerade bei der Besetzung von Spitzenpositionen für beide Seiten!

Viele meinen, dass es sich um einen »ganz normalen« Bewerbungsprozess handelt und der Kandidat sich perfekt in Szene setzen muss, um im Unternehmen eine Chance zu haben. Und am Ende heißt es für viele, wenn sie doch nicht so ganz überzeugen konnten oder der Entscheider schlichtweg nicht das richtige Bauchgefühl bei demjenigen hat: »Der Nächste, bitte!«

Doch weit gefehlt! Es ist zweifellos ein Bewerbungsprozess – allerdings häufig mit umgekehrten Vorzeichen, was ich vielen Entscheidern vorab erst einmal klarmachen muss. Das sei an dieser Stelle schon verraten (mehr dazu dann in Kapitel 3): Was für viele Fachkräfte und Toptalente gilt, gilt auch für die meisten Managementpositionen, vor allem auf den höheren Ebenen. Die Unternehmen bewerben sich heutzutage bei den Kandidaten!

Solange diese Tatsache nicht in den Köpfen aller Entscheider angekommen ist, läuft die Bewerbungssituation allerdings nach wie vor so ähnlich, wie sie jeder kennt: Beide Seiten stellen Fragen, man lernt sich besser kennen, klopft Details ab, macht sich einen ersten Eindruck von der Persönlichkeit und vom Können. Nicht selten folgen auf das Erstgespräch Eignungstests oder Assessment-Center, um das Know-how der Kandidaten zu prüfen. Ja, selbst gestandene Manager »dürfen« Fragebögen ausfüllen und in Rollenspielen ihre Fähigkeiten unter Beweis stellen. Warum sich die Unternehmen durch solche Aktionen nicht unbedingt einen Gefallen tun, erfahren Sie in Kapitel 3, im Abschnitt *»Hilfsinstrumente bei der Auswahl«*. Ich kann in solchen Fällen nur meinen Kandidaten gut zureden und sie zum Durchhalten animieren.

Bitte hier unterschreiben

Nachdem die Kandidaten den internen Bewerbungsprozess geduldig mit all seinen Höhen und Tiefen durchlaufen haben, liegt der Ball in der Spielhälfte der Entscheider. Sie müssen sich nun darüber einig werden, welcher Kandidat ein Vertragsangebot bekommen soll.

In der Regel gibt es noch Diskussionsbedarf hinsichtlich der einen oder anderen vertraglichen Vereinbarung, aber das ist nicht ungewöhnlich bei Vertragsverhandlungen, besonders bei hochkarätigen Managementposten. Da geht es dann um Bonusregelungen, Abfindungen, Wettbewerbsverbote und andere »Spezialitäten«. Der Personalberater hilft hier, wo er kann, denn es liegt ja auch in seinem Interesse, dass sich die beiden Parteien einig werden, was hoffentlich bald durch die jeweiligen Unterschriften auf dem Arbeitsvertrag besiegelt wird.

Aber es ist leider keine Seltenheit, dass selbst kurz vor Schluss noch peinliche Fehler passieren, die den gesamten Besetzungsprozess gefährden (mehr dazu in Kapitel 3, *Auf der Zielgeraden*«), oder dass die Kandidaten es sich unverhofft doch noch einmal anders überlegen. »Menschen stolpern nicht über Berge, sondern über Maulwurfshügel«, soll der chinesische Philosoph Konfuzius einst gesagt haben. Auch Nichtigkeiten bei der Vertragsverhandlung entpuppen sich manchmal völlig unerwartet als Stolperfallen – Sie können sich gar nicht vorstellen, worüber da am Verhandlungstisch ernsthaft gestritten wird. Darüber könnte ich glatt ein weiteres Buch schreiben! Wenn es dann beispielsweise bei einem höheren sechsstelligen Jahresnettogehalt am Ende wegen 10 000 Euro hin oder her zu einem regelrechten Eklat kommt, kann ich nur mit dem Kopf schütteln. Mit vernünftigen Leuten hingegen lässt es sich gut und schnell verhandeln, da gibt es ein Entgegenkommen, das auf Gegenseitigkeit beruht, denn beide Parteien sind an einem Abschluss aufrichtig interessiert.

Überblick: Der Such- und Auswahlprozess in sieben Schritten

Das waren nun eine ganze Menge Informationen zur Arbeit von Headhuntern und ihren Research-Teams. Damit ich mich nicht allzu oft wiederholen muss und Sie trotzdem die Beispiele in den folgenden Kapiteln problemlos in den Ablauf des Such- und Auswahlprozesses einordnen können, finden Sie im Folgenden eine kurze Zusammenfassung der wesentlichen Schritte im Such- und Auswahlprozess.

- *Schritt 1: Briefing und Anforderungsprofil.* Der Personalberater identifiziert gemeinsam mit den Entscheidern im Unternehmen das Problem des Auftraggebers und erstellt ein Profil des passenden Problemlösers.
- *Schritt 2: Marktanalyse und Identifikation von Zielfirmen und -personen.* Der Personalberater und das Research-Team schauen sich in der Branche oder auch branchenübergreifend nach potenziellen Problemlösern um. Wer auf den ersten Blick interessant erscheint, kommt auf den Stapel mit vielversprechenden Kandidaten.
- *Schritt 3: Erstansprache und Follow-up-Telefonat.* Der Personalberater und das Research-Team telefonieren mit den vielversprechenden Kandidaten, um deren Eignung, Interesse und Wechselbereitschaft abzuklopfen. Wer kann und will, kommt auf die Longlist.
- *Schritt 4: Persönliches Treffen mit dem Personalberater.* Der Headhunter prüft die übrig gebliebenen Kandidaten auf Herz und Nieren: Könnte das wirklich der gesuchte Problemlöser sein? Wer infrage kommt, schafft es auf die Shortlist.
- *Schritt 5: Präsentation der Topkandidaten.* Der Personalberater stellt »seine« Topkandidaten dem Auftraggeber vor – erst einmal nur auf dem Papier. Hier fallen die ersten Entscheidungen für oder gegen die einzelnen Kandidaten. Wer übrig bleibt, wird zum persönlichen Interview eingeladen.
- *Schritt 6: Vorstellungsgespräch und gegenseitiges Kennenlernen.* Die ausgewählten Kandidaten möchten die Entscheider persönlich ken-

nen lernen. Wenn die Chemie stimmt und auch sonst alles zufriedenstellend verläuft, gibt es ein Vertragsangebot.

- *Schritt 7: Vertragsverhandlungen und Arbeitsvertrag.* Fast geschafft! Beide Parteien sind sich sympathisch, jetzt fehlen nur noch ein paar Details und die Unterschriften auf dem Arbeitsvertrag.

Wie schon gesagt: Nicht immer sind alle Schritte in der gleichen Ausführlichkeit notwendig. Das ist besonders dann der Fall, wenn etwa ein Kandidat dem Headhunter schon persönlich gut bekannt ist – vielleicht aus einer anderen Stellenbesetzung. Aber im Prinzip läuft jeder meiner Aufträge so oder so ähnlich ab. Aber leider nicht immer ganz so reibungslos, wie ich es mir wünschen würde …

3 BREMSKLÖTZE: ILLUSIONEN IM BESETZUNGSPROZESS

Auf den ersten Blick könnte der übliche Ablauf bei der Suche nach geeigneten Kandidaten für eine zu besetzende Stelle so einfach sein ... Doch wie wir alle wissen, läuft es im wahren Leben nicht immer wie am Schnürchen, im Gegenteil. Und so gibt es auch eine ganze Reihe von Störfaktoren, welche die Suche nach den idealen Kandidaten knifflig und die Besetzung einer offenen Stelle (nahezu) unmöglich machen – oder einfach nur dafür sorgen, dass am Ende der Falsche den Job bekommt.

Der Such- und Auswahlprozess kann an fast jeder Stelle ausgebremst oder gar komplett unterbrochen werden. Der Grund dafür sind in vielen Fällen Illusionen, die sich vor allem aufseiten der Unternehmen hartnäckig halten. Über die Jahre habe ich so einige »Bremsklötze« entdeckt, deretwegen es immer wieder zu Missverständnissen oder Problemen kommt. Mein Plädoyer: Ein bisschen mehr Sinn für Realität, bitte!

Klare Sache: Nichts im Leben läuft hundertprozentig perfekt. Aber man kann sich das Leben natürlich auch unnötig schwer machen. Das gilt im Privatleben ebenso wie im Beruf. Und in der Personalbeschaffung trifft es ebenfalls zu. Viel zu oft verzögern überzogene Erwartungen seitens der Entscheider eine optimale Stellenbesetzung oder verhindern sie komplett. Die Auftraggeber stören oder behindern den Personalberater bei der Arbeit, verhalten sich gegenüber Kandidaten unfair bis respektlos und torpedieren ihr Vorhaben mit alldem schlussendlich nur selbst – in vielen Fällen unbewusst, aber so manches Mal steckt auch persönliches Kalkül dahinter. Auf Letzteres komme ich später noch genauer zu sprechen.

Ich glaube, den meisten Auftraggebern ist oftmals gar nicht bewusst, wie viel sie theoretisch und praktisch falsch machen können, wo sie dem Personalberater ihres Vertrauens an den Karren fahren und mit welchen zum Teil unüberlegten Aktionen sie selbst äußerst interessierte und vielversprechende Kandidaten kurz vor der Vertragsunterzeichnung noch vergraulen können. Gleichzeitig erstaunt es mich trotzdem immer wieder, was so alles schiefläuft, angefangen bei der Ansprache potenzieller Interessenten über die Behandlung von Topmanagern bei Bewerbungsgesprächen bis hin zu No-Gos wie etwa fehlender Diskretion und unnötiger Geheimnistuerei – vor allem weil vieles davon schlichtweg dem gesunden Menschenverstand widerspricht.

Es gibt so einige Aussagen, die ich von Auftraggebern immer wieder hören muss und bei denen ich mir wünsche, sie nie wieder zu Ohren zu bekommen. Denn sie sind allesamt Bremsklötze bei der Kandidatensuche und -gewinnung. Das sind meine zehn »Lieblinge«:

- »Wir wollen nur die Besten der Besten der Besten.«
- »Wir schauen uns nur einen an: den Besten.«
- »Den Besten für den Job sehe ich jeden Tag – im Spiegel.«
- »Wir sind ein toller Arbeitgeber und jeder wäre froh, bei uns zu arbeiten.«
- »Wir haben uns schon einmal umgesehen.«
- »Wir können Ihnen doch nicht alles verraten.«
- »Wir fahren immer mehrgleisig.«
- »Wir zahlen aber nur bei Erfolg.«
- »Das Assessment-Center ist bei uns Standard im Bewerbungsprozess.«
- »Das ist bei uns eben so, das können wir nicht ändern.«

All diese Aussagen und die dazugehörigen Haltungen der Auftraggeber sind nicht gerade geeignet, um den Prozess der Stellenbesetzung zu vereinfachen oder zu beschleunigen – ganz im Gegenteil: Einige davon sind unter Umständen sogar echte Killer im Rekrutierungsprozess. Im ungünstigsten Fall findet sich am Ende nicht der »Beste der Beste der Besten« auf dem Posten wieder, sondern der »Übriggebliebene der Billigsten der Schwächsten«. Welche teils skurrilen Situationen Personalberater tagtäglich erleben und durchleben müssen, möchte ich Ihnen im Folgenden erzählen – zumindest auszugsweise.

Alles gar kein Problem

Schon im Vorfeld machen so manche Auftraggeber fast alles falsch, was nur falsch zu machen ist. Sie unternehmen teils amateurhafte, teils aber leider auch regelrecht stümperhafte Versuche, auf eigene Faust eine hochkarätige offene Stelle zu besetzen, weil sie zu wissen glauben, wie bei der Personalbeschaffung der Hase läuft. Wie sich dann oftmals herausstellt, überschätzen sie ihre Fähigkeiten ziemlich – sie beweisen also kein gutes Augenmaß. Und erst wenn es fast zu spät ist, dämmert es dem einen oder anderen Entscheider: »Irgendwie funktioniert das alles nicht. Vielleicht holen wir doch mal eine Personalberatung dazu …«

Das ist so, als würde sich jemand aus einer Laune heraus entschließen, eine Operation am offenen Herzen durchzuführen, nur weil er schon einmal ein Operationsbesteck von Weitem gesehen hat und gerne Arztserien in Fernsehen anschaut. Er beginnt voller Eifer, doch bald – es war im Grunde abzusehen – weiß er nicht mehr weiter, würde das aber niemals unumwunden zugeben. Stattdessen lässt er den Patienten offen, schiebt ihn zu einem Experten und sagt betont gelassen: »Ich habe schon mal angefangen. Das ist ja nicht weiter schwer, ich überlasse dir den Rest. Musst ihn ja quasi nur noch zumachen …« – und macht sich danach schnellstens aus dem Staub. Zu dem Zeitpunkt ist die Operation aber bereits total verpfuscht! Jetzt muss sich selbst der erfahrenste Chirurg mächtig ins Zeug legen, um diesen Patienten doch noch zu retten. Es gleicht eher einem Wunder, wenn das klappt.

Zugegeben, das ist etwas überspitzt formuliert und bei der Stellenbesetzung verhalten sich natürlich bei Weitem nicht alle Beteiligten so unbedarft. Doch wie ich schon in Kapitel 1 ausgeführt habe: Nicht jede offene Stelle ist für Unternehmen in Eigenregie problemlos zu besetzen, aus vielfältigen Gründen. Und genau in diesen Fällen erschwert das verspätete Hinzuziehen eines Personalberaters eine schnelle und ideale Besetzung.

So manches Mal ist wirklich nichts mehr zu machen: Die vom Unternehmen oder von einem anderen Personalberatungshaus bereits angesprochenen Kandidaten sind für diesen Auftraggeber eigentlich komplett verbrannt. Schade, da diese Verluste im Kampf um den idealen Kandidaten sich gut vermeiden ließen, würde nur frühzeitig genug ein erfahrener Personalberater eingeschaltet.

Eine verpatzte Erstansprache bedeutet in den meisten Fällen, dass die Suche nach geeigneten Kandidaten noch einmal ganz von vorne beginnen muss. Dennoch lassen sich Personalberater gerne die bereits angesprochenen Kandidaten nennen und machen gegebenenfalls einen neuen Anlauf, vor allem wenn in einem engen Markt gesucht wird und die potenziellen Kandidaten entsprechend rar gesät sind. Denn es besteht zumindest eine kleine Chance, vielversprechende Kandidaten womöglich doch noch zu überzeugen. Manchmal haben die Kandidaten aufgrund der vorangegangenen Kontaktversuche meiner Erfahrung nach schlichtweg eine völlig falsche Vorstellung von der angebotenen Stelle. Hier kann ein Personalberater durch seine professionelle Art der Ansprache neues Interesse erzeugen und mit eventuellen Missverständnissen aufräumen. Und dann ist ein verloren geglaubter Kandidat unter Umständen wieder im Rennen.

Bei direkten Anfragen eines Konkurrenzunternehmens, aber auch bei Anrufen von unerfahrenen oder schlechten Personalberatern vermuten manche Kandidaten unter Umständen auch eine Art Loyalitätstest ihres eigenen Arbeitgebers, der ihre Wechselbereitschaft auf die Probe stellen will. Tatsächlich kommt es ab und an vor, dass sich Personalberater derart instrumentalisieren lassen. Es ist daher ein nachvollziehbarer Grund, einem Jobangebot von vornherein skeptisch zu begegnen und jeden weiteren Kontakt kategorisch abzulehnen. Meldet sich hingegen ein Headhunter, der für seine Diskretion und Vertrauenswürdigkeit bekannt ist oder den der Kandidat womöglich bereits kennt, sieht die Situation schon ganz anders aus.

Sie sehen also: Oft genug kommt es vor allen Dingen darauf an, *wer* fragt und *wie* er fragt.

Sparfüchse am Werk

Häufig gibt es schon zu Beginn einer Zusammenarbeit erste Hindernisse: Die unendliche Geschichte der Honorardiskussion beginnt. Wie die Vergütung von Personalberatern grundlegend aussieht, haben Sie in Kapitel 1, »*Wie Personalberater bezahlt werden*« erfahren. Dort hatte ich es bereits angedeutet: Nicht selten wünschen sich die Auftraggeber, nur bei Erfolg zu bezahlen, und es gibt durchaus Personalberater und sehr viele reine Personalvermittler, die auf Erfolgsbasis arbeiten. Das bedeutet im Klartext: Der Auftraggeber zahlt nur, wenn die Stelle tatsächlich besetzt wird. Das erfolgsbasierte Honorarmodell birgt aber Nachteile und Risiken – und zwar für beide Seiten, wie Sie gleich sehen werden.

Nur bei Erfolg bezahlen – das hört sich zumindest für das Unternehmen im ersten Moment verlockend an, weil hier zunächst Gratisleistungen erbracht werden. Für den Personalberater ist eine solche Vereinbarung jedoch weniger attraktiv, weil er in diesem Fall in Vorleistung gehen muss. Denn eine gewissenhafte Suche nach passenden Kandidaten kostet sowohl Zeit als auch Geld, bindet also Ressourcen.

»Wie stellen die sich das eigentlich vor?«, frage ich mich in solchen Situationen im Stillen. Oft sieht der Auftraggeber den immensen Aufwand nicht, der seitens des Personalberaters hinter den Kulissen betrieben wird. Seiner Meinung nach sind vermutlich nur ein paar Anrufe und Meetings nötig, und schon ist die Sache geritzt. Dass aber viel mehr Mühen dahinterstehen, das haben Sie ja schon in Kapitel 2 ausführlich gelesen.

Besetzung ist das Ziel, nicht Qualität

Ist wie bei diesem Honorarmodell ausschließlich eine »erfolgreiche« Besetzung das Ziel, dann ist Masse für den Personalberater eindeutig lohnender als Klasse. Für ihn ist es also besser, so viele »Bewerber« wie möglich beim Auftraggeber »durchzuschleusen«, bis dieser bei einem von ihnen zuschlägt. Das heißt, je mehr Kandidaten der Headhunter liefert, desto höher stehen die Chancen, dass er einen schnellen Treffer landet und das vereinbarte Erfolgshonorar kassieren kann. Eine fundierte Vorauswahl wäre in dieser Konstellation kontraproduktiv – mal ganz davon abgesehen, dass für ein ausführliches Briefing bei diesem Honorarmodell im Grunde ohnehin keine Zeit bleibt. Viel eher schickt er einfach nach der angelsächsischen Methode »Spray and pray« fünfzig oder mehr anonymisierte Profile – wirklich *alle* echt? – an viele potenzielle Auftraggeber und hofft darauf, dass einer von ihnen interessiert ist und anbeißt. Und leider hat er in der Regel mit dieser Methode auch Erfolg, denn die Masse macht's eben: Irgendwer meldet sich immer – früher oder später.

Ist das wirklich besser, als einen Personalberater zu engagieren, der zwar nach einem anderen Honorarmodell arbeitet, aber durch den Vorschuss bei einer entsprechenden Vereinbarung ausreichend Zeit in die Suche und Vorauswahl investieren kann, statt nach Schema F alle möglichen Leute aufzufahren, egal ob sie passen oder nicht? Ich denke nicht. Aber das muss jeder Auftraggeber für sich entscheiden.

Nach der Kandidatenunterschrift die Sintflut

Den Personalberater interessiert es bei einer erfolgsbasierten Bezahlung nicht die Bohne, wie lange der vermittelte Kandidat beim Unternehmen bleibt, nachdem dieser den Arbeitsvertrag unterschrieben hat. Der Headhunter hat schließlich seinen Teil des Auftrags erfüllt – die Stelle ist besetzt – und er kassiert sein Honorar quasi noch während die Tinte auf dem Vertrag trocknet. Es ist ihm auch völlig egal, ob sich die beiden Parteien bereits während der Probezeit trennen. Vielleicht freut er sich sogar, denn die Suche nach geeigneten Kandidaten beginnt dann ja wieder von vorne – und rein theoretisch winkt für ihn erneut ein Erfolgshonorar. Also, schnell noch einmal die Kandidatenliste hervorkramen und einen zweiten Volltreffer landen!

Personalberater, die an einem Perfect Fit interessiert sind, also tatsächlich eine nachhaltige Lösung für den Auftraggeber anstreben und nicht rein erfolgsbasiert bezahlt werden, bieten in der Regel eine kostenlose Nachbesetzung an – und zwar unabhängig davon, ob der Kandidat selbst das Handtuch wirft oder vom Unternehmen gegangen wird, weil er »einfach nicht dazu passt«. Das zwingt den Headhunter natürlich dazu, tatsächlich nach dem am besten für die Aufgabe geeigneten Kandidaten zu suchen. Sonst halst er sich unnötig noch mehr, im Zweifelsfall sogar unbezahlte Arbeit auf. Im Abschnitt »*Umtausch nicht ausgeschlossen*« komme ich auf dieses Thema gleich noch einmal ausführlich zu sprechen. Es gibt aber noch einen weiteren wichtigen Aspekt, der gegen eine erfolgsbasierte Bezahlung spricht.

Rückzieher seitens des Auftraggebers

Eine Zweigstelle einer deutschlandweit tätigen Multimedia-Agentur beauftragt einen Personalberater, der nach einem neuen HR-Chef suchen soll. Gemeinsam mit dem CEO wird ein Anforderungsprofil erstellt, auch das Research-Team wird gebrieft und die Suche nach geeigneten Kandidaten beginnt.

Doch nach einigen Wochen – das Research-Team arbeitet auf Hochtouren und auch der Personalberater hat sich bereits mit vielversprechenden Kandidaten persönlich getroffen – zieht die Agentur urplötzlich den Auftrag zurück. Der Grund: Die Zentrale hat entschieden, dass es einen Einstellungsstopp, vorerst auf unbestimmte Zeit, gibt. Die Dienste des Personalberaters werden demnach nicht mehr gebraucht.

So etwas passiert häufiger, als man zunächst denkt – und auch ich habe es in meiner Laufbahn selbst schon erlebt, dass Auftraggeber ihren Auftrag zurückziehen. In Fällen wie diesen trifft den Headhunter also gar keine Schuld, wenn eine Stellenbesetzung am Ende doch nicht zustande kommt. Der Personalberater läuft aber bei einem erfolgsbasierten Honorarmodell stets Gefahr, auf seinen Kosten komplett sitzen zu bleiben. Fakt ist: Eine offene Stelle wird nicht über Nacht besetzt und aufseiten des Unternehmens kann es jederzeit zu internen Entscheidungen kommen, die sich auf die Tätigkeit und damit auch auf das anfallende Honorar des Personalberaters auswirken. Auf nichts davon hat er Einfluss.

So ist es durchaus möglich, dass der Auftraggeber sich überraschend doch für einen internen Kandidaten entscheidet statt für einen der Interessenten, die der Personalberater vorschlägt. Ja, manchmal ist ein interner Kandidat von Anfang an so gut wie gesetzt – man will nur noch einmal gegenchecken, ob sich vielleicht nicht doch etwas viel Besseres findet (mehr dazu auch in Kapitel 4, »*Die Verlockungen der internen Besetzung*«). Kaum eine Chance für den Personalberater, der davon so manches Mal gar nichts weiß!

Auch unvorhersehbare wirtschaftliche Turbulenzen können dazu führen, dass aus heiterem Himmel von der Firmenleitung ein Einstellungsstopp verhängt wird. Und schon war all die bisherige Mühe vergebens, da das Unternehmen in solch einem Fall den Auftrag zurückzieht oder zumindest für längere Zeit auf Eis legt. Die Geschäftsleitung könnte ebenso kurzerhand eine strategische Entscheidung treffen, die einen völlig anderen Problemlöser erfordert. Damit wären alle bisher schon angesprochenen Kandidaten aus dem Rennen und die Suche müsste wieder ganz von vorne beginnen. Ist deswegen die bisherige Leistung des Personalberaters und des Research-Teams nichts wert? Ich denke nicht.

Das macht deutlich: Der Erfolg einer Stellenbesetzung hängt von mehreren Parteien ab – und den wichtigeren Anteil haben selbstverständlich die Entscheider im Unternehmen und die Kandidaten. Der Headhunter ist in dieser Phase ein Postillon d'Amour, der zwischen den beiden Parteien, die vielleicht zusammenkommen wollen, vermittelt. Er tut dabei sicherlich sein Bestes, denn ein Vertragsschluss ist auch in seinem Sinne, aber er kann weder den Auftraggeber noch den Kandidaten zu einer Unterschrift auf dem Arbeitsvertrag zwingen. Warum sollte also der Personalberater allein in die Haftung genommen werden, wenn es mit der Besetzung nicht klappt, und auf sein Honorar verzichten? Ich finde das nicht fair.

Feilschen um das Beratungshonorar

Ein Personalberater hat sich und sein Unternehmen beim Auftraggeber, einem mittelständischen Werkzeugmaschinenhersteller im Schwäbischen, vorgestellt und die ersten Informationen zur anstehenden Stellenbesetzung erfahren. Gesucht wird ein neuer Chief Sales & Marketing Officer (CSO). Nun geht es wie so oft ums Honorar.

»Bei dem anvisierten Jahresgehalt für die zu besetzende Position fallen für meine Leistungen 50 000 Euro an«, erklärt der Personalberater. Das ist dem Geschäftsführer des Unternehmens entschieden zu viel, das übersteigt sein Budget – und das Feilschen beginnt. Doch darauf lässt sich der Headhunter gar nicht ein.

»Qualität hat eben ihren Preis – und das ist ein marktüblicher Satz«, macht der Personalberater seinen Standpunkt klar. »Bestimmt finden Sie aber auch jemanden, der den Auftrag für 10 000 Euro übernimmt. Rein theoretisch könnten Sie auch einem x-beliebigen Menschen auf der Straße 100 Euro in die Hand drücken und ihn damit beauftragen, die offene Stelle in Ihrem Unternehmen zu besetzen. Damit haben Sie auf einen Schlag 49 900 Euro gespart. Großartig, oder?«

»Ja, aber ich will schon einen, der es auch schafft! Und es ist ja schon eine besonders verantwortungsvolle Position, die hier besetzt werden muss«, erwidert der Auftraggeber.

Dialoge dieser Art führe ich in meinem Business viel zu oft. Dann wird lang und breit darüber diskutiert, wie viel die Leistung eines Personalberaters denn nun wirklich wert sei. In solchen Situationen frage ich gerne: »Was ist denn das eigentliche Ziel?« Soll heißen: Solange das Sparen im Vordergrund steht, ist die Besetzung nicht zwangsläufig das Ziel der Übung, sondern eben die zu erzielende Ersparnis. Aber sollte es nicht eigentlich um die Besetzung der offenen Stelle gehen, am besten zeitnah?

Das einzige Kriterium, nach dem ein Headhunter beurteilt wird, scheint oftmals das Honorar zu sein. Die Gegenleistung, die das Unternehmen damit »erkauft«, ist jedoch in meinen Augen viel mehr wert: Mit der idealen Besetzung können Firmen ein Vermögen sparen, bekommen fähige, hoch kompetente Führungskräfte, die in vielerlei Hinsicht eine Bereicherung für das Unternehmen darstellen und die ein Vielfaches des Honorars, das der Personalberater bekommt, in kürzester Zeit wieder einspielen.

Was mir über die Jahre bei vielen Auftraggebern aufgefallen ist: Sie haben oftmals ein falsches Verständnis von der Arbeitsweise und den Leistungen von Personalberatern. Unser Einsatz wird seitens der Kunden nicht immer angemessen gewürdigt. Vermutlich liegt es auch daran, dass die Headhunting-Branche für den Außenstehenden schwer durchschaubar ist. Jeder Personalberater hat so seine Tricks und Kniffe, wie er die besten Kandidaten ausfindig macht, anspricht und zum Jobwechsel motiviert. Doch in den seltensten Fällen genügen eine kurze Suche in der internen Datenbank und ein paar Anrufe, bis passende Kandidaten wie von Zauberhand aufpoppen. Ebenso wenig haben Personalberater massenhaft Lebensläufe auf Halde, die nach einer mehr oder weniger langen Wartezeit einfach verschickt beziehungsweise präsentiert werden (Ausnahmen bestätigen wie immer die Regel).

Doch mit solchen Vorurteilen sehe ich mich häufig konfrontiert. Ja, Personalberater kennen natürlich sehr viele Leute – aber das heißt noch lange nicht, dass sich darunter auch wirklich der gesuchte Problemlöser befindet. Und selbst wenn: Kontakte aufbauen und pflegen ist ebenfalls ein schönes Stück Arbeit; dahinter stecken viele Jahre an Erfahrung und kontinuierlichem Networking. Warum sollten Auftraggeber gratis davon profitieren? Das wäre alles andere als wirtschaftlich und die meisten Personalberatungen würden schnell pleitegehen, würden sie so arbeiten.

Headhunter bekommen in den Augen mancher Auftraggeber viel zu viel Geld für einen einzigen Auftrag. Ihrer Ansicht nach steht das in keiner Relation. Ich sehe das ganz anders und vergleiche das gerne – Sie kennen es ja bereits – mit dem Sport: Ein Profiboxer trainiert nicht nur jahrelang, sondern meist jahrzehntelang, um einer der Besten in seiner Gewichtsklasse zu werden, und die wenigsten schaffen es, sich viele Jahre an der Weltspitze zu behaupten. Der Boxer verdient also nicht nur für die wenigen Minuten im Ring mehrere Millionen, sondern auch für das gesamte Training davor. Seine harte Arbeit hat ihn ja erst in die Lage versetzt, dass er seinen Gegner k. o. schlagen kann. Wenn er dafür nicht mehrere Runden, sondern nur ein paar Minuten und wenige gezielte Schläge braucht, kann ihm das doch niemand verübeln. Hat er deswegen das hohe Preisgeld weniger verdient?

Auch im Headhunting läuft im Hintergrund eine ganze Maschinerie, von der die Auftraggeber zugegebenermaßen wenig mitbekommen – das müssen sie ja auch nicht. Sie sehen nur das Ergebnis: eine Handvoll vielversprechender Kandidaten, die auf wundersame Weise aufgetaucht sind. Doch es ist alles andere als ein Hexenwerk oder ein magischer Trick. Bis es so weit ist, also bis diese wenigen ausgewählten Interessenten präsentiert werden können, legen sich viele Leute hinter den Kulissen mächtig ins Zeug.

Viele Köche verderben den Brei

Der Personalchef einer großen Handelskette aus dem Schwarzwald sucht nach einem neuen Head of Accounting. Da er sich die Suche nicht selbst zutraut, beauftragt er nicht nur eine, sondern gleich drei Personalberatungen. »Viel hilft viel«, denkt er. So müsste doch die Chance steigen, die offene Stellen schnellstmöglich zu besetzen – denn die Headhunter stehen schließlich untereinander im Wettbewerb. Wer als Erster liefert, bekommt das vereinbarte Erfolgshonorar. Die anderen gehen leer aus.

Solche sogenannten Windhundrennen, bei denen mehrere Personalberater gleichzeitig beauftragt werden, sind für seriöse Headhunter uninteressant. Sie arbeiten nur im Alleinauftrag, also exklusiv, denn alles andere hat großes Potenzial, grandios in die Hose zu gehen. Sicherlich ist der Gedanke zunächst nachvollziehbar, die Chancen auf einen Volltreffer durch mehrere parallele Suchaufträge vergrößern zu wollen. Doch wenn man genauer darüber nachdenkt, wird klar: Durch einen solchen Entschluss macht der Auftraggeber beziehungsweise Entscheider eine erfolgreiche Stellenbesetzung schwerer, wenn nicht sogar unmöglich.

Warum? Ganz einfach: Es erschwert die Ausgangslage erheblich, wenn der Auftraggeber so auf Nummer sicher zu gehen glaubt. Denn wenn mehrere Dienstleister beauftragt werden, kommt es fast zwangsläufig zu mehrfachen Ansprachen derselben Kandidaten, besonders in sehr überschaubaren Branchen. Logischerweise findet jeder fähige Personalberater bestimmte Kandidaten, die gut zu der ausgeschriebenen Position passen. Dass es hier zu Überschneidungen kommt, ist also nicht außergewöhnlich. Es stiftet trotzdem große Verwirrung, wenn ein und derselbe Kandidat von mehreren Headhuntern angesprochen wird. Der Erklärungsbedarf steigt und auch in puncto Diskretion ist diese Vorgehensweise meiner Meinung nach mehr als fragwürdig. Am Ende vergrault man auf diese Weise fähige, vielversprechende Kandidaten – vielleicht sogar den idealen Problemlöser! Im schlimmsten Fall schaden Unternehmen ihrem guten Ruf, denn offenbar weiß ja schon Hinz und Kunz von der Vakanz in der Firma. Wäre es mein Unternehmen, würde ich dieses Risiko ganz sicher nicht eingehen.

Personalberater im Blindflug

Regelrecht fatal ist das Ganze, wenn die verschiedenen Personalberater gar nichts davon wissen, dass die Konkurrenz ebenfalls im Rennen ist, Kandidaten sucht und anspricht. So plauderte ein erfahrener Researcher einmal aus dem Nähkästchen und erzählte mir eine Geschichte aus seiner Anfangszeit:

> Der Researcher ruft bei Herrn Heller an, stellt sich und sein Anliegen kurz vor: »Schönen guten Tag, ich rufe Sie im Auftrag der Personalberatung XY an. Ich möchte Ihnen ein Angebot unterbreiten. Haben Sie einen Moment Zeit für mich? Können Sie gerade ungestört sprechen?«
>
> Der Angerufene ist aufgeschlossen und hört sich an, was der Researcher zu sagen hat. Doch im Laufe der Ausführungen wird er stutzig und hakt nach: »Ähm ... Moment mal. Ist das nicht dieselbe Position, die mir schon vor ein paar Tagen von Ihrer Kollegin angeboten wurde?«
>
> Das Problem an der Sache: Es gibt keine Kollegin! Aller Wahrscheinlichkeit nach handelte es sich dabei um

einen Mitarbeiter einer anderen Headhunting-Firma, die der Auftraggeber ebenfalls mit der Besetzung des Postens betraut hat. Leider wussten weder der Personalberater noch der Researcher etwas davon.

Peinliche Nummer – und es ist extrem schwer, hier noch die Kurve zu kriegen! Wenn es blöd läuft, ist dieser Kandidat für den Auftraggeber in jedem Fall »tot«. Doch aus einer ganz anderen Warte betrachtet können Windhundrennen den Auftraggeber gehörig in die Bredouille bringen: Man stelle sich nur mal vor, ein Kandidat, den drei Personalberater unabhängig voneinander vorschlagen, lässt sich von der mehrfachen Ansprache nicht irritieren und bekundet Interesse an der freien Stelle. Wer bekommt denn nun das Honorar? Eigentlich müssten ja alle drei Headhunter vergütet werden. Um aus dieser Zwickmühle zu kommen, kann der Auftraggeber den Kandidaten letztlich nur ablehnen, auch wenn er der ideale Problemlöser wäre.

Besser ist es, einen Personalberater zu beauftragen, der sich exklusiv und vor allen Dingen diskret um die Besetzung der offenen Stelle kümmert. Ein guter Headhunter arbeitet leise, unauffällig und ist an einem Perfect Fit interessiert. Er wird alles daransetzen, um dem Auftraggeber ideale, dem Anforderungsprofil entsprechende Kandidaten zu präsentieren – ganz ohne zusätzlichen Wettbewerbsdruck.

Umtausch nicht ausgeschlossen

Kostenlose Nachbesetzung – noch so eine Unsitte, die sich mittlerweile unter vielen Personalberatern eingebürgert hat, für die Auftraggeber nahezu selbstverständlich ist und von ihnen daher als im Leistungspaket des Headhunters enthalten vorausgesetzt wird. Und somit ein weiterer üblicher Diskussionspunkt bei der Auftragsvergabe.

Ich persönlich lehne kostenlose Nachbesetzungen in der Regel ab und ich erkläre immer wieder gerne, warum: Die letzte Verantwortung, also die Entscheidungsmacht über die Einstellung oder Ablehnung eines Kandidaten, liegt schließlich allein beim Auftraggeber. Warum sollte ein Headhunter denn den Kopf hinhalten, sollte sich dessen Wahl als fehlerhaft herausstellen? Der eine wählt und der andere soll dafür die Garantie übernehmen? Das entbehrt in meinen Augen jeder Logik. Niemandem wurde die Pistole auf die Brust gesetzt, keiner der Beteiligten wurde zum Vertragsabschluss in irgendeiner Form gezwungen. Ich finde daher: Wer die Auswahlentscheidung trifft, trägt dafür auch die Verantwortung. Die kann er nicht auf jemand anderen, in diesem Fall den Headhunter, abwälzen.

Mal ganz davon abgesehen, dass bei vielen Auftraggebern aus dem Blick gerät, dass ein Personalberater überhaupt nicht verpflichtet ist, eine offene Stelle zu besetzen – er ist lediglich verpflichtet, geeignete Kandidaten zu suchen. Ein meilenweiter Unterschied! Und wie könnte er dann in der Folge plötzlich dazu verpflichtet sein, kostenfrei nachzubesetzen, weil der erste Versuch der Besetzung fehlgeschlagen ist? Mit der erfolgreichen Suche, also mit Unterzeichnung des Arbeitsvertrags, ist die Dienstleistung des Personalberaters erfüllt.

Klar, für viele Personalberatungshäuser ist die kostenlose Nachbesetzung ein Mittel der Kundenbindung beziehungsweise ein Zugeständnis, um einen Auftrag sicher zu ergattern. Im Grunde ist sie aber eine Kulanzregelung, nicht mehr und nicht weniger. Ich für meinen Teil glaube jedoch eher, dass diese Nachbesetzungsstrategie nach dem Motto »Bei Nichtgefallen zurück« nur die Amazon-Prime-Mentalität vieler Auftraggeber unnötig befeuert, die sich einbilden, geeignete Kandidaten ließen sich unbegrenzt und völlig ohne zusätzliche Kosten und ohne eigenes Risiko nachbestellen, wie Sie aus Kapitel 1, *Wer dem Headhunter Konkurrenz macht*«, wissen.

»Drum prüfe, wer sich ewig bindet«, sage ich dazu nur. Ich bin der Meinung: Wenn ein Kandidat das Risiko eines Jobverlusts in Kauf nimmt – denn er kommt in der Regel aus einer Festanstellung zu einem neuen Unternehmen und kann meist nicht mehr zurück, sollte sich der Jobwechsel für ihn als Fehler erweisen –, sollte der Auftraggeber zumindest das finanzielle Risiko tragen und sich nicht feige aus der Verantwortung ziehen. Im Grunde verstecken die Entscheider hinter einer solchen Nachbesetzungsregelung ihre eigene Entscheidungsschwäche, weil sie sich auf diese Weise immer das Hintertürchen offen halten, dass bei Nichtgefallen ein anderer Kandidat ausgewählt werden kann. Dem Personalberater wird dabei dann der Schwarze Peter zugeschoben – und der soll dann noch einmal fix nachliefern, weil seine »Ware« angeblich fehlerhaft war oder eben einfach nicht gefällt. Ernsthaft?

Anders sähe die Sache aus, wenn der Personalberater auswählen dürfte, welcher Kandidat den Zuschlag erhält. In dem Fall wäre ich auch durchaus bereit, dafür eine Garantie zu geben und bei Nichterfüllung eine kostenlose Nachbesetzung zu übernehmen. Aber wie oft kommt so etwas schon in der Praxis vor? Natürlich bestehen die Auftraggeber darauf, dass die Entscheidung allein in ihrer Hand liegt. Doch dann dürfen sie nicht beim Headhunter reklamieren, wenn die Verbindung am Ende doch nicht hält. Wie soll das denn bitte gehen? Da kann der Personalberater ja gleich Stempelkarten aushändigen und wie im Coffeeshop gibt's nach dem zehnten Kaffee einen gratis.

Ein annehmbarer Kompromiss wäre in meinen Augen folgender: Wenn der vom Personalberater vermittelte Kandidat von sich aus geht, wird kostenlos nachbesetzt. Wenn er aber gehen soll, weil er dem Unternehmen nun aus welchem Grund auch immer doch nicht passt, geht die Suche wieder von vorne los – und damit beginnt auch ein neuer Auftrag, für den der Headhunter das übliche Honorar erhält.

Schlimmer als die Stechuhr

Manche Auftraggeber bestehen während des Such- und Auswahlprozesses eisern auf regelmäßige Updates und Statusberichte des Personalberaters. Es ist menschlich verständlich, dass man als Kunde gerne auf dem Laufenden ist. In Kapitel 2 konnten Sie es anhand des Ablaufs der Suche nach geeigneten Kandidaten sehen: Es dauert nach dem ersten Briefing-Gespräch mit dem Personalberater eine ganze Weile, bis der Auftraggeber wieder aktiv ins Spiel kommt und der Personalberater vorzeigbare Ergebnisse in Form von anonymisierten Lebensläufen vielversprechender Kandidaten präsentiert. Da kann man schon mal ungeduldig werden – auch mir ist das klar.

Und es ist mir über die Jahre auch schon mehrfach zu Ohren gekommen, dass die eine oder andere Personalberatung den Such- und Auswahlprozess künstlich in die Länge zieht, indem nach Auftragserteilung die Arbeit erst einmal einige Wochen ruht – denn dann hat die Präsentation einen größeren Show-Effekt. Dahinter steckt vermutlich der Gedanke, dass es auf diese Weise leichter ist, dem Auftraggeber glaubhaft zu vermitteln, wie unglaublich anstrengend und knifflig die Suche doch war, anstatt innerhalb kürzester Zeit die Lösung zu präsentieren. In letzterem Fall war die Suche ja offenbar ein Klacks und ist demnach das viele Geld nicht wert – und schon steckt man wieder mittendrin in der ewigen Honorardiskussion, von der ich gerade schon sprach. Ich erinnere daher noch einmal an den Profiboxer: Nicht nur für den schnellen K. o. wird er vergütet, sondern auch für das gesamte Training und all die Mühen zuvor!

Ich glaube, jeder Personalberater, der problemlösungsorientiert arbeitet, will den Auftrag so schnell wie möglich zur Zufriedenheit des Kunden abschließen. Was hätte er denn auch davon, unnötig zu trödeln? Jeder Auftrag, der noch nicht gelöst ist, blockiert den Personalberater und er kann keine neuen Fälle annehmen. Das ist für ihn logischerweise nicht wirtschaftlich. Doch über die Jahre ist in mir die Überzeugung gereift, dass einige Auftraggeber zunehmend Gefallen an der großen Show gefunden haben, die so manche Headhunter bieten. Sie lieben das pompöse Tamtam, den tosenden Trommelwirbel und das nicht endende Süßholzgeraspel. Wer's mag … für den ist eine schnelle Lösung dann natürlich sensationell unspektakulär.

Verstehen Sie mich nicht falsch: Ich kann wirklich sehr gut nachvollziehen, dass man wissen will, wie denn der Stand der Dinge bei

Kandidatensuchen ist und ob der Headhunter sein Geld überhaupt wert ist – vor allem wenn man zum ersten Mal mit einem Personalberater zusammenarbeitet und der ganze Prozess wie eine Blackbox wirkt. Doch was viele dabei übersehen, nicht bedenken oder schlichtweg ignorieren: Der Personalberater steckt in der Zwischenzeit mittendrin im Such- und Auswahlprozess. Und er ist ein Profi. Das bedeutet, solange er sich nicht von sich aus meldet, sei es mit weiteren Fragen oder mit ersten Ergebnissen, hat er offenbar nichts Neues zu berichten.

Stellen Sie sich einmal vor, einer Ihrer Liebsten müsste sich einer komplizierten Operation unterziehen. Würden Sie wirklich während des laufenden Eingriffs vom Chirurgen verlangen, Sie minutiös über den aktuellen Stand der Dinge zu informieren? Er müsste dazu seine aktuelle Tätigkeit mehrere Male unterbrechen, um Sie anzurufen, und sich danach wieder mental auf die nächsten Schritte im Prozess einstellen. Oder würden Sie den Experten doch eher in Ruhe seine Arbeit tun lassen und geduldig abwarten, bis er Sie nach der Operation über den Verlauf und die Ergebnisse informiert?

Aktueller Statusbericht: It's showtime!

Einen aktuellen Statusbericht, der in gewissen Abständen aktualisiert wird, verlangen Auftraggeber ebenfalls in schöner Regelmäßigkeit, auch weil sie es von vielen Personalberatungen so gewohnt sind. Darin werden dann so unglaublich spannende Dinge zusammengefasst wie beispielsweise die Anzahl der bisher vom Personalberater und vom Research-Team angesprochenen Kandidaten, wie viele von ihnen an einem Follow-up interessiert waren und wie viele Interessenten der Personalberater zwischenzeitlich bereits persönlich kennen gelernt hat – und welches Zahlenmaterial auch immer sonst noch für den Auftraggeber interessant zu sein scheint. Das Ergebnis: In Excel-Tabellen zusammengefasste Zahlen, Daten, Fakten, die jedoch keinerlei Aussagekraft haben, wie gut der Personalberater oder sein Research-Team seinen Job macht. Ich kann es nur als Arbeitsbeschaffungsmaßnahme oder – etwas höflicher ausgedrückt – als Fleißarbeit bezeichnen.

Mit edel gestalteten Berichten und Listen (dazu gleich mehr) auf goldumrandetem Hochglanzpapier formvollendet Kunden zu beglücken – diese angloamerikanische Art, dieser Show-Charakter, gehört offenbar bei vielen Personalberatungshäusern dazu. Ich kann beim besten Willen nichts Zielführendes daran finden, dass meine Researcher während der Telefonate Strichlisten führen sollen oder am Ende jedes Tages eine Tabelle mit unnützem Zahlenmaterial befüllen. Mir ist es lieber, meine Profis konzentrieren sich auf ihre Aufgabe: vielversprechende Kandidaten finden, ansprechen und richtig einschätzen.

»Die Liste«: The show must go on

Der Personalberater ist fassungslos. Allen Ernstes pocht sein Auftraggeber, ein international tätiger Großkonzern, auf die Erstellung einer Liste mit möglichen Zielpersonen – obwohl sein Researcher bereits mehrere Problemlöser, die sehr gut bis perfekt für das auftraggebende Unternehmen sein könnten, eingekreist hat.

»Bist du wahnsinnig?«, empört sich dann auch der Researcher, als der Personalberater ihn um eine solche Liste bittet. »Ich arbeite gerade fieberhaft an der Lösung des Problems – so eine Auflistung kostet mich mindestens einen halben Tag, wenn nicht sogar länger! Was soll die denn bringen?«

An und für sich eine berechtigte Frage. Sicherlich hätte der Researcher eigentlich viel wichtigere und vor allem zielführende Dinge zu tun, nämlich die potenziellen Problemlöser beim Follow-up-Gespräch neugierig auf ein

Treffen mit dem Personalberater zu machen und weitere aussichtsreiche Kandidaten zu identifizieren. Stattdessen verbringt er nicht nur den halben, sondern sogar den ganzen nächsten Tag mit der Ausfertigung einer Liste, die im Grunde kein Mensch braucht.

Besonders gerne wird meiner Erfahrung nach »die Liste« verlangt, weil sie vor allem bei den Ablegern der amerikanischen Beratungshäuser gang und gäbe ist und die meisten Auftraggeber es vermutlich gewohnt sind, im Laufe des Such- und Auswahlprozesses irgendwann »die Liste« feierlich und mit großem Tamtam präsentiert zu bekommen. Ich ernte jedenfalls häufig erstaunte, manchmal auch missbilligende Blicke, wenn ich meinen Kunden mitteile, dass ich nur unter Protest eine solche Liste anfertigen lasse. Diese Blicke sprechen Bände: »Waaas? Aber *alle* machen doch ›die Liste‹!«

Aber was ist damit nun eigentlich gemeint? »Die Liste« ist eine am liebsten ellenlange Auflistung mit anonymisierten Profilen möglicher Kandidaten, die bei den identifizierten Zielfirmen gefunden wurden. Einige Personalberater versprechen ihren Kunden schon bei Auftragserteilung regelmäßige, transparente Statusberichte über den aktuellen Projektablauf und die Ergebnisse und ziehen dabei dann eine richtige Show ab, um zu unterstreichen, wie kompliziert die gesamte Suche doch war und wie stolz man daher auf die Ergebnisse sein kann. Vor allen Dingen – Sie kennen bereits meine Vermutung – geht es neben der reinen Selbstdarstellung auch bei »der Liste« darum, notorischen Nachfragen seitens des Auftraggebers vorzubeugen, ob der Personalberater auch wirklich sein Geld wert ist.

»Die Liste« ist im Grunde also nicht viel mehr als ein in Excel-Tabellen gegossener Tätigkeitsnachweis, und noch aufwändiger als die Statusberichte. Dabei könnte man – rein theoretisch – genauso gut für die jeweilige Branche Einträge aus den Gelben Seiten oder dem Internet zusammenkopieren und Profile dazu erfinden. Ähnliches passiert in der Tat bei manchen Headhuntern, das heißt, auf »der Liste« finden sich dann so einige Fantasieprofile. Aber bei einer seriösen Personalberatung sollte das natürlich nicht vorkommen.

Fakt ist: All diese Listen sind gleich viel wert, nämlich wenig bis nichts. Aussagekräftig ist keine von ihnen, was passende oder gar ideale Kandidaten angeht, denn »die Liste« wird über den sogenannten Desk-Research generiert. Das heißt, es landen dort nur Profile von möglichen Kandidaten, die im Rahmen der Marktanalyse (siehe Kapitel 2, *Marktanalyse: Die Branche abklopfen*«) auftauchen und über die lediglich Mutmaßungen getroffen werden, etwa über deren geschätztes aktuelles Jahresgehalt. Angesprochen oder genauer validiert wird zu diesem Zeitpunkt noch keiner von ihnen. Daher ist auch völlig unbekannt, ob derjenige wechselwillig sein könnte oder nicht.

Das bedeutet: Für den Auftraggeber ist »die Liste« ebenso unbrauchbar wie für den Headhunter – und manchmal wird solch eine überflüssige Aufstellung auch nur auf Anfrage des Kunden »produziert«, im wahrsten Sinne des Wortes. Reine »Fleißarbeit« für den Researcher und in meinen Augen nichts als eine Verschwendung wertvoller Ressourcen, in vielen Häusern aber auch ein standardisierter Prozess, der nicht selten an schlecht bezahlte und unerfahrene Studenten ausgelagert wird. Die Zufriedenstellung, böse Zungen würden vielleicht sogar sagen die Ruhigstellung, des Auftraggebers steht dabei im Vordergrund. Es geht also nur darum, demonstrativ zu zeigen: »Sieh her, wir sind dran! Und wir geben uns so große Mühe!«

In aller Regel enthalten die Listen, die Personalberater ihren Auftraggebern vorlegen, Profile von real existierenden Personen – doch auch das kann mitunter ein Problem werden. Denn nicht selten haben diese Leute keinen blassen Schimmer, dass sie auf irgendeiner Zusammenstellung auftauchen; darüber werden sie nämlich nicht immer informiert. Zudem finden sich darauf auch Angaben wie etwa das geschätzte oder gegebenenfalls aus frei zugänglichen Quellen bekannte aktuelle Jahresgehalt – und ich kann mir nicht vorstellen, dass alle Kandidaten ausnahmslos damit einverstanden wären, dass jemand ohne ihr Einverständnis damit hausieren geht, selbst wenn das Profil anonymisiert wurde. Gerade in sehr kleinen Branchen oder bei sehr speziellen Funktionen hilft eine Anonymisierung ohnehin oft wenig. So mancher Auftraggeber glaubt sogar, er habe sich diese Liste mit dem Honorar des Personalberaters quasi erkauft und könne sie mit zu seinen Akten nehmen. Datenschutz lässt grüßen![1]

Viel Lärm um nichts

Welchen Nutzen bringt es also, auf detaillierten Berichten und Updates zu bestehen? In meinen Augen gar keinen, sie sind reine Zeitverschwendung, und zwar für beide Seiten: Der Personalberater beziehungsweise Researcher vergeudet wertvolle Ressourcen, die dann logischerweise bei der Kandidatensuche fehlen und den Recruiting-Prozess unter Umständen in die Länge ziehen. Doch wie Sie bereits aus Kapitel 1 wissen: Je kürzer eine Stelle unbesetzt bleibt, umso besser. Auf Auftraggeberseite müsste sich zudem der Entscheider Zeit nehmen, um die ausführlichen Berichte des Beraters zu lesen, ellenlange Listen mit ihm durchzugehen und gegebenenfalls weitere Beteiligte zu informieren, was seine Energie ebenfalls bindet. Und mal ehrlich: Dafür hat im hektischen Business-Alltag doch ohnehin keiner Zeit – und noch weniger Lust. Das bedeutet, dass »die Listen« doppelt unsinnig sind, sie werden nur um ihrer selbst willen produziert. Vergeudete Lebenszeit! Sie sind weder im Such- und Auswahlprozess hilfreich noch werden sie in der Regel vom Auftraggeber überhaupt gelesen.

In vielen Fällen ließe sich die Stellenbesetzung wesentlich beschleunigen, wenn sich Personalberater und deren Research-Teams ungestört um das kümmern könnten, worauf sie spezialisiert sind: den Such- und Auswahlprozess und die professionelle Ansprache geeigneter Kandidaten. Und die Auftraggeber könnten sich in der Zwischenzeit ebenfalls um wichtigere Dinge kümmern, zum Beispiel um ihr Tagesgeschäft. In der Präsentationsphase sind die Entscheider dann wieder gefragt. Bis dahin lautet die Devise: »Abwarten und Tee trinken.« Davon haben beide Seiten etwas!

An uns kommt niemand vorbei!

Logisch, dass der Personalchef bei der Besetzung von hoch dotierten Spitzenposten ein gewichtiges Wörtchen mitreden möchte. Schwierig wird es immer dann, wenn rare Ausnahmetalente gesucht werden und standardisierte Auswahlprozesse durchlaufen sollen. Des Personalers liebstes Spielzeug, das Assessment-Center, erweist sich dabei nicht als echte Auswahlhilfe, sondern verdeckt meist interne Führungsschwächen – und ist vor allem ein Werkzeug, um die Besetzungsentscheidung vom fachlich kompetenten Vorstand fernzuhalten. Denn der weiß meist sehr genau, wen er bräuchte und wer zu ihm passen würde, um eine bestimmte Aufgabe zu erledigen. Dabei stimmt es im Grunde schon: Die eigene Menschenkenntnis wird bei der Personalauswahl sehr oft überschätzt und die persönliche Routine mit der Validität von Urteilen verwechselt. Mit einem ungetrübten, objektiven Blick und den entsprechenden Methoden könnten fachlich versierte Personaler einiges zu besseren Besetzungsprozessen beitragen.

Aber auch das ist wahr: Den meisten Unternehmen fehlen leider langfristige Strategien für die Personalauswahl und die Personalentwicklung – fatal in Zeiten des Mangels an qualifizierten Kräften, in Zeiten des sogenannten War for Talents. Und HR wird meiner Meinung nach allzu oft falsch eingesetzt. Entweder die Personalabteilung verkommt zur bloßen budgetfressenden Nervensäge – böse Zungen behaupten sogar, HR stünde für »hardly relevant«. Oder das Gegenteil trifft zu und ein mächtiger Personalchef steuert insgeheim seine Spitzenkräfte, weil diese zu wenig von Personal und Recruiting verstehen.

Es mag schon sein, dass ich mit Personalverantwortlichen ziemlich hart ins Gericht gehe, aber aus meiner Erfahrung heraus sorgt gerade die Personalabteilung für viel Tumult bei der Stellenbesetzung, und das nicht gerade im positiven Sinn. Ein paar dieser Auswüchse lernen Sie in Kapitel 4 kennen. Ich möchte aber nicht alle über einen Kamm scheren: Es gibt genug Personalleiter, die ein solides Verständnis von ihren Aufgaben und Fähigkeiten haben und Personalberatern daher auch weniger ins Handwerk pfuschen, sondern vielmehr den Dialog und die Zusammenarbeit suchen. Davon wünsche ich mir mehr!

Am Besetzungsprozess sind oftmals drei Parteien beteiligt: der Auftraggeber, bestehend aus Vorstand und HR-Chef, sowie ein Personalberater. Wie gut und wie schnell der Such- und Auswahlprozess läuft, hängt letztlich von der Kompetenz aller Beteiligten ab. Der Idealfall sieht so aus: Ein Top-Headhunter wird von einem Top-Vorstand und einem Top-Personalchef beauftragt. Alle drei wissen, welches ihre Aufgabe ist und was sie demzufolge zu tun und zu lassen haben. Jeder kümmert sich um seinen Bereich, lässt die anderen zufrieden und pfuscht ihnen schon gar nicht ins Handwerk. Doch leider ist das die seltene Ausnahme. In allen anderen denkbaren Konstellationen, also wenn mindestens einer der Beteiligten nicht ganz so top ist, besteht eine erhöhte Wahrscheinlichkeit, dass etwas schiefläuft und letztlich der gesamte Prozess gefährdet ist. Das Chaos ist perfekt, wenn noch weitere Beteiligte hinzukommen, die ebenfalls ein Wörtchen mitzureden wünschen.

Anders ausgedrückt: Probleme sind bei der Stellenbesetzung eher die Regel als ein reibungsloser Ablauf. Darauf muss sich jeder Personalberater einstellen. Gemeinsam ließe sich im Rekrutierungsprozess viel mehr erreichen, also wenn von Beginn an Vorstände, Personalverantwortliche und Headhunter an einem Strang ziehen:

Der Aufsichtsrat stellt fest, dass für den Posten des Chief Technology Officer (CTO) Ersatz benötigt wird, denn der aktuelle Stelleninhaber steht kurz vor dem Pensionsalter. Als Entscheider stellt er also den generellen Bedarf fest und überträgt die Verantwortung, sich um Ersatz zu kümmern, an seinen Personalleiter.

Der Personalchef checkt als Erstes im Unternehmen, ob sich womöglich intern bereits ein geeigneter Kandidat finden lässt. Es stellt sich heraus: In der »Jugend« gibt es niemanden, der nach- beziehungsweise aufrücken könnte; es muss demnach ein Spitzenspieler von außen geholt werden. Davon lässt der HR-Verantwortliche aber die Finger und holt stattdessen frühzeitig einen Profi, sprich den Personalberater, dazu, der auf diese Aufgabe spezialisiert ist, und vertraut darauf, dass dieser in der Lage ist, die passenden Kandidaten aufzuspüren.

Gegebenenfalls vergleicht die Personalberatung interne und externe Kandidaten – das nennt sich im Fachjargon neudeutsch »Benchmark-Search« –, um herauszufinden, wer für die CTO-Position am besten geeignet ist. Der Headhunter sucht, validiert und präsentiert die geeignetsten Kandidaten.

Der Aufsichtsrat trifft nach den Vorstellungsgesprächen zügig eine Entscheidung.

Der Personalverantwortliche wird in manchen Unternehmen, da er schließlich auch die Firma nach außen repräsentiert, zu seiner Meinung bezüglich der Kandidaten befragt und auch gehört; das heißt, er darf Vorschläge machen. Aber am Ende des Tages ist die »Entscheiderkette« unmissverständlich klar: Der Aufsichtsrat entscheidet über den Vorstand, der Vorstand über sein Ressort. Punkt. Auch wenn das vermutlich viele Personalentscheider anders sehen.

Ab und zu wird der Personalverantwortliche allerdings vom Aufsichtsrat oder Vorstand komplett übergangen und sie übernehmen die Besetzung selbst. Das ist ihr gutes Recht, geht aber in vielen Fällen nach hinten los, weil sich die HR-Abteilung dadurch in ihrer Kompetenz beschnitten fühlt und ziemlich sicher Mittel und Wege finden wird, um eine erfolgreiche Besetzung zu torpedieren.

Dabei kann die Personalabteilung einen wichtigen Beitrag zu einer erfolgreichen und nachhaltigen Besetzung leisten: Ein überragender Personalverantwortlicher steigert den Unternehmenswert dramatisch, repräsentiert das Unternehmen und versteht, wer was zu welchem Zeitpunkt braucht, hält sich aber aus allen unternehmenspolitischen Fragen heraus. Im Idealfall managt er den gesamten Besetzungsprozess und koordiniert die Beteiligten. Er agiert also eher im Hintergrund, hält alles am Laufen und im Zeitplan – und sorgt so dafür, dass am Ende die richtigen Spieler in die Mannschaft geholt werden.

Eine gute Geschäftsführung, ein fitter Vorstand oder ein engagierter Aufsichtsrat sowie ein auf Recruiting ausgerichteter Personalchef sind nicht nur ein Dreamteam, sondern eine unbedingte Voraussetzung bei der Mitarbeitersuche in der heutigen Zeit. Der HR-Verantwortliche wird damit zum echten Business-Partner. Wer diesem Zusammenspiel keine Aufmerksamkeit widmet, zahlt meiner Erfahrung nach an anderen Stellen – im Zweifel bei der Besetzung der nächsten Position im Topmanagement.

Glücklose Rekrutierungsprozesse

Laut der »Active Sourcing Studie 2015« von Experteer[2], für die über 2 500 Spitzenkräfte und 130 Personalverantwortliche zu aktuellen Entwicklungen im Recruiting befragt wurden, dauert eine Stellenbesetzung im Durchschnitt über vier Monate. Ziemlich langer Leerstand, vor allem bei Spitzenpositionen. Als besondere Herausforderungen bei der Rekrutierung nannten die befragten Personaler an erster Stelle den Führungs- und Fachkräftemangel; aber auch die fehlende Wechselwilligkeit fiel ihnen auf. Und manchmal hapert es offenbar schlichtweg an ausreichenden Ressourcen für die Personalbeschaffung. Aufseiten der Spitzenkräfte gelten hingegen fehlende Weiterentwicklungsmöglichkeiten und mangelnde Wertschätzung als Hauptgründe für einen Stellenwechsel – sofern das Jahresgehalt stimmt. Aber auch ein abgelegener oder unattraktiver Standort und eine geringe Bekanntheit des Unternehmens sind echte Handicaps bei der Stellenbesetzung.

Die Studie bringt es meiner Meinung nach ganz gut auf den Punkt: »Bis vor ein paar Jahren galt die klassische Stellenanzeige noch als Erfolgsgarant bei der Rekrutierung. HR-Manager schalteten Inserate und warteten auf Bewerbungen. Doch das funktioniert nicht mehr allein.

Denn wenn Unternehmen nicht einen attraktiven Standort, bekannten Markennamen oder Größe vorweisen können, dann werden sie kaum die Besten der Besten gewinnen. Diese Spitzenkräfte bewerben sich gar nicht mehr – sie erwarten, dass HR-Manager oder Personalberater sie ansprechen.«[3] Solange also die Personalverantwortlichen die Hände in den Schoß legen und warten, bis die Topkandidaten ohne jegliches Zutun an die Firmentore klopfen, brauchen sie sich nicht zu wundern, wenn das nicht die Crème de la Crème tut.

Das deckt sich wie so oft mit meinen Beobachtungen aus der Praxis – und offensichtlich auch mit denen meiner Kollegen. Laut einer Studie des Bundesverbands Deutscher Unternehmensberater vermutet zwar der Großteil der Befragten, dass »Unternehmen künftig zunächst einmal auf eigene Faust, öfter in Eigenregie, selbst im Internet nach geeigneten Mitarbeitern fahnden«[4] werden, allerdings sehen sie als Voraussetzung, dass intern die nötigen Ressourcen und Erfahrungen dafür auch wirklich vorhanden sind. Ihr Kritikpunkt: die passive Haltung der Personalverantwortlichen. Sie hätten verlernt, wie Recruiting funktioniert.[5]

Begegnungen auf Augenhöhe

Spitzenkräfte wollen vorankommen – nicht nur finanziell. Daher tun Unternehmen gut daran, im Gespräch mit den vielversprechenden Kandidaten vor allen Dingen die individuellen Entwicklungsmöglichkeiten zu betonen, die ihnen der neue Job bieten kann. Das zeigt auch die Wertschätzung, die sie dem Kandidaten entgegenbringen, und hebt das gemeinsame Gespräch auf ein gleichberechtigtes Niveau.

Der Kandidat, der vor ihnen sitzt, ist schließlich kein Bittsteller, der händeringend einen neuen Job sucht, sondern ihr potenzieller Problemlöser. Die Unternehmen sind heutzutage oft mehr auf ihn angewiesen als er auf sie! Denn vergessen wir nicht: Headhunter bringen keine schwer vermittelbaren Langzeitarbeitslosen in Lohn und Brot, sondern hoch qualifizierte und äußerst gefragte Spitzentalente. Erschwerend kommt hinzu: Der Kandidatenpool, der zur Verfügung steht, ist nicht unendlich, sondern wird ganz im Gegenteil immer kleiner. Die richtig guten Interessenten wissen also haargenau, dass sie am längeren Hebel sitzen. Der potenzielle neue Arbeitgeber will etwas von ihnen und nicht umgekehrt.

Personalverantwortliche müssen daher ebenso wie andere Entscheider ordentlich die Werbetrommel rühren und dem Kandidaten das Unternehmen, das Team, das Produkt schmackhaft machen. Aber nicht nach dem Motto »Viel hilft viel«, sondern wohldosiert, sodass er für sich die Vorteile eines Jobwechsels erkennt. Bietet sich keine Verbesserung seiner aktuellen beruflichen oder finanziellen Situation, wird er sich verständlicherweise kaum vom Fleck bewegen. Dann können die Entscheider nur auf ein müdes Lächeln und eine höfliche Verabschiedung hoffen.

So mancher Auftraggeber erkennt den Nutzen des Personalberaters in einer solchen Interviewsituation mit einem vielversprechenden Kandidaten beziehungsweise in der Vorbereitung darauf. Der Headhunter besitzt nämlich wertvolles Insiderwissen: Er hat schließlich im Gegensatz zum Auftraggeber die eingeladenen Kandidaten bereits kennen gelernt und kann gut einschätzen, worauf der jeweilige Interessent Wert legen könnte, womit das Unternehmen also im Interview punkten kann. Ich empfehle meinen Auftraggebern immer, sich frühzeitig Gedanken darüber zu machen, warum dieser spezielle Kandidat auf die freie Stelle in ihrer Firma und ihrer Kultur besonders gut passt. Bei der Vorbereitung helfe ich gerne, damit die wichtigsten Eckdaten klar sind und der jeweilige Kandidat »sein« maßgeschneidertes Jobangebot bekommt, indem die Entscheider jeweils diejenigen Aspekte besonders hervorheben, die für ihn persönlich am bedeutsamsten sind. Heutzutage braucht man bei der Stellenbesetzung eben eine ordentliche Portion Verkaufsgeschick!

Hilfsinstrumente bei der Auswahl

Ein grundsätzlich gut geführtes IT-Consulting-Unternehmen mit gutem Betriebsklima, hohen Standards und guten Arbeitsbedingungen schafft es einfach nicht, seine Führungspositionen zu besetzen. Selbst die Kandidaten auf Teamleiterebene scheitern alle aus unerfindlichen Gründen im Assessment-Center. »Irgendetwas ist da faul. Vermutlich ist der Personalverantwortliche voreingenommen«, mutmaßt der Geschäftsführer.

Dass es am Assessment-Center liegen könnte, das ab einer bestimmten Hierarchieebene zwingend vorgeschrieben ist, kommt ihm nicht in den Sinn. Schließlich hatte man vor ein paar Jahren eine Unternehmensberatung damit beauftragt, ein wasserdichtes Assessment-Tool zu entwickeln, das mittlerweile unternehmensweit ausgerollt wurde. Hat ja auch eine ganze Stange Geld gekostet und muss daher funktionieren. Den Kandidaten wird schon kein Zacken aus der Krone brechen …

Auch gern genommen, vor allem im Handel: der Store-Check. Da werden Kandidaten, die beispielsweise bei einem großen, auf dem internationalen Parkett vertretenen Bekleidungshaus das komplette Asien-Geschäft managen sollen, vor dem Interview gebeten, doch mal bitte in die nächstgelegene größere Filiale zu fahren und sich dort umzusehen. Im Gespräch würden sie dann zu ihren Eindrücken befragt. Ernsthaft? Jemand, der – sofern alles klappt – bald Milliardenverantwortung übernehmen wird, soll sich eine Meinung darüber bilden, ob die Pullover links herum oder rechts herum im Regal aufgestapelt besser rüberkommen oder ob die Jacken auch wirklich alle fein säuberlich und ordentlich auf den Bügeln hängen? Ja, die Entscheider, die solche Forderungen stellen, meinen das tatsächlich todernst, das weiß ich aus Erfahrung.

Es ist, wie es ist: Bei der Besetzung von Führungspositionen schwingt bei den meisten Auftraggebern die latente Angst einer Fehlbesetzung mit. Daher setzen viele Unternehmen auch und gerade für die höheren Managementpositionen Auswahlinstrumente wie Eignungstests oder Assessment-Center ein. Sie möchten auf Nummer sicher gehen, dass der Kandidat am Ende auch wirklich »liefert«, also den Erwartungen entspricht, die gewünschten Eigenschaften mitbringt und sich daher seine »Anschaffungskosten« schnell amortisieren werden.

Bis zu einem gewissen Grad ist dieser Wunsch nach Absicherung nachvollziehbar. Doch wenn der Kandidat für den Posten als Head of Finance simple Rechenaufgaben lösen soll – weil sie nun einmal im Test so vorgesehen sind –, führt das Auswahlinstrument in die falsche Richtung und verärgert den hoch qualifizierten Interessenten zu Recht. Verständlicherweise wollen viele hochkarätige Kandidaten bei einem solchen Zirkus ungern mitmachen. Das stellt die Überredungskünste des Personalberaters einmal mehr auf die Probe, denn nun muss er versuchen, dem Interessenten auch das sinnloseste Auswahlverfahren irgendwie schmackhaft zu machen.

Die Gegenseite stellt sich hingegen in den meisten Fällen stur, wenn der Personalberater sie davon abzubringen versucht, diese Auswahlinstrumente einzusetzen. Irgendwann kommt in der Diskussion das Totschlagargument: »Das sind bei uns Konzernvorgaben bei der Stellenbesetzung. Das läuft bei uns immer so.« Na ja, vielleicht ist das mit ein Grund, warum die Stelle schon so lange vakant ist? Nur mal so als Idee … Denn am Ende eines Assessment-Centers stellen die Unternehmen nicht zwangsläufig den am besten für den Job geeigneten Kandidaten ein, sondern denjenigen, der im Absolvieren von Assessment-Centern am geübtesten ist. War das wirklich das Ziel der Übung?

Die viel einfachere und logische Lösung wäre: eine vertraglich vereinbarte Probezeit dazu nutzen, um den Kandidaten auf Herz und Nieren zu prüfen – und das in der Praxis, nicht in theoretischen Übungen, Testsituationen und Rollenspielen. So lässt sich schnell im laufenden Betrieb feststellen, ob er seine Versprechen zu halten vermag. Wer auf seinem Gebiet schon Erfolge vorzuweisen hat – und in der Regel ist das bei Kandidaten für Spitzenpositionen der Fall –, verdient meiner Meinung nach einen Vertrauensvorschuss dahingehend, dass er mehr als die Grundlagen seines Fachs im Griff hat. Seine bisherigen Leistungen zeigen, dass er weiß, was er tut, auch wenn er nicht jeden Einzelschritt seiner Überlegungen haarklein und vollmundig darlegen kann. Seine Erfahrung gibt ihm recht.

Natürlich kann es passieren, dass sich ein Kandidat bei einem größeren Karrieresprung übernimmt, dafür gibt es keine Garantie. Aber erfahrene Personalberater haben diesbezüglich einen ganz guten Riecher und würden vor allem für Spitzenpositionen niemanden vorschlagen, dem sie nicht zutrauen, dass er die Herausforderungen meistern kann. Und mal ehrlich: Wenn jemand schon jahrzehntelang Chief Financial Officer war und dennoch die Grundrechenarten nicht beherrscht oder nur Drei-Wort-Sätze versteht, wäre dies vermutlich in der langen Zeit bereits jemandem negativ aufgefallen. Ist doch anzunehmen, oder? Keine Frage, ab und an fliegen Hochstapler auf, denken Sie nur an die berühmt-berüchtigten Skandale um irgendwelche Ärzte, die über Jahre hinweg ohne Approbation tätig sind, oder Piloten, die riesige Jets fliegen, ohne einen Pilotenschein zu besitzen.[6] Aber das ist doch ganz klar eher die Ausnahme als die Regel und damit stets eine brillante Story für die Medien – und das gilt auch im Unternehmenskontext.

Fehlender Weitblick

> Grundsätzlich ist Herr Franke an der Stelle als Chief Technology Officer (CTO) in einem norddeutschen Unternehmen interessiert und sowohl fachlich wie auch von der Persönlichkeit her hätte er das Zeug dazu, der ideale Problemlöser für den Auftraggeber zu sein. Doch im Lauf des Follow-up-Telefonats entdeckt der Researcher eindeutige Anzeichen dafür, dass Herr Franke ein bekennender Familienmensch ist.

Seine Frau ist ebenfalls berufstätig, die beiden haben zwei Kinder, eines im Kindergarten-, eines im Grundschulalter. In ihrer Freizeit engagieren sich die beiden ehrenamtlich in verschiedenen Ortsverbänden. Da der Posten mit einem Umzug verbunden ist, würden die Kinder entwurzelt und von ihren Freunden getrennt, die Ehefrau müsste ebenfalls kündigen.

All diese Informationen gibt er bei der Übergabe an den Personalberater weiter, zusammen mit der Prognose: »Ohne den Segen seiner Frau wird er nicht wechseln. Die müsst ihr unbedingt mitnehmen!« Der Personalberater behält diesen Hinweis im Hinterkopf und kommt bei seinem persönlichen Treffen mit dem Kandidaten zum selben Ergebnis.

Nachdem Herr Franke bei der ersten Interviewrunde im Unternehmen einen exzellenten Eindruck hinterlassen hat, empfiehlt der Personalberater dem Aufsichtsrat, zum nächsten Termin auch die Ehefrau einzuladen. Doch dieser Vorschlag trifft nicht auf allzu viel Gegenliebe. Was sollte das denn bringen?

Die Treffgenauigkeit des Personalberaters muss heutzutage extrem gut sein. Was er im Namen des Unternehmens anbietet, muss haargenau in das Leben des Kandidaten passen, damit dieser Interesse zeigt. Hier geben sich die Auftraggeber meiner Ansicht nach oftmals zu wenig Mühe, um dem Kandidaten wirklich etwas zu bieten. Sie sitzen auf ihrem hohen Ross und erwarten – weil sie ja die besten Arbeitgeber sind, und zwar alle –, dass sich auch unendlich viele »Bewerber« (mit großem B wie »Bittsteller«) um die ausgeschriebene Stelle reißen. Doch nicht das Unternehmen hat heute die Wahl, es sei denn, es heißt Apple oder vielleicht BMW, sondern oft der Kandidat. Und der wird eben immer wählerischer, was ich meinen Kunden stets aufs Neue klarmachen muss.

Mit einer solchen Haltung stellen sich die Entscheider im gesamten Such- und Auswahlprozess leider oftmals selbst ein Bein. Denn wenn sie mit dieser Attitüde in ein Bewerbungsgespräch gehen und genauso auftreten, nach dem Motto »Wir sind die Größten, Besten, Stärksten!«, sind Probleme bei der Stellenbesetzung im Grunde programmiert. Der Ton macht eben die Musik.

Wo früher noch ein Wink mit einem dicken Gehaltsscheck, einer luxuriösen Firmenlimousine und der Aussicht auf einen veritablen Karrieresprung für einen Wechsel reichte, müssen Unternehmen mit viel mehr aufwarten. Work-Life-Integration ist ein zunehmend wichtiges Kriterium bei der Jobwahl. Vor allen Dingen haben (Ehe-)Partner ein entscheidendes Wörtchen mitzureden, meiner Erfahrung nach viel mehr als sagen wir mal vor fünfzehn Jahren. Damals traf der »Versorger«, das Alphatier, die Entscheidung und die Familie hatte mitzuziehen – im wahrsten Sinne des Wortes. Und wenn »Mann mit Anhang« innerhalb weniger Jahre vom einen Ende Deutschlands zum anderen zog oder einmal nach Asien und zurück, schien dies kein sonderlich großes Thema zu sein. Ausnahmen bestätigen natürlich die Regel.

Umso unerlässlicher ist es heute, abzuschätzen, wer von dem Jobwechsel in »Mitleidenschaft« gezogen wird: In vielen Fällen ist das mindestens ein Partner, möglicherweise Kinder, aber auch andere Verwandte, etwa pflegebedürftige Eltern. Wenn sich im Leben einer Person etwas ändert, zieht das weitere Kreise: Der Partner muss seinen Job aufgeben, das liebevoll eingerichtete Eigenheim muss eventuell verkauft oder vermietet werden, die Kinder müssen sich von ihren Freunden trennen und auch die Erwachsenen lassen Liebgewonnenes hinter sich, etwa den Wohnort, die Nachbarn, den Sportverein oder soziale Engagements. Alle bisherigen Routinen werden auf den Kopf gestellt; alle müssen umdenken und sich an eine neue Situation gewöhnen. Kurzum: Ein Jobwechsel ist ein tiefer Einschnitt, manchmal sogar ein radikaler Schritt.

Da liegt es in meinen Augen doch auf der Hand, dass Unternehmen alles dafür tun sollten, um den Entscheidern in der Familie den Entschluss zu erleichtern und einige Probleme im Vorfeld schon zu lösen oder zumindest Lösungsmöglichkeiten anzubieten. Warum also nicht den Partner zum Gespräch einladen und den Termin mit einer kleinen Stadtführung beginnen: Wo wohnt man in der Gegend am schönsten? Wo gibt es die besten Kindergärten und Schulen? Welche kulturellen Events sind interessant? Welche tollen Freizeitmöglichkeiten sind geboten? Gibt es einen Ortsverband der Organisation, für die der Kandidat oder dessen Partner tätig ist, sodass das soziale Engagement nicht im Sand verläuft? Falls nicht, welche Alternativen gibt es? Mit dieser simplen Maßnahme haben Unternehmen die Möglichkeit, einen oder mehrere Fürsprecher zu finden, die am heimischen Küchentisch weiterdiskutieren und ihre Eindrücke – und hoffentlich auch ihre Begeisterung – mitteilen.

Ja, das hört sich alles sehr nach einer Werbebroschüre an – und genau das ist es auch! Unternehmen müssten manchmal der gesamten Familie den Ortswechsel schmackhaft machen und gewissermaßen »verkaufen«, sonst stehen die Chancen für eine Zusage schlecht. Das ist umso wichtiger, je weniger attraktiv der Standort des neuen Arbeitgebers ist. Wieder einmal liegt eine einfache Lösung auf der Hand – und sie bleibt vielfach ungenutzt. Diesen vermeintlich hohen Aufwand zu betreiben scheuen leider noch viel zu viele Unternehmen, obwohl sie händeringend nach Führungspersonal suchen. Aber ist das denn wirklich zu viel verlangt, wenn dadurch die Wahrscheinlichkeit steigt, dass der Wunschkandidat wechselwillig bleibt und am Ende den Vertrag unterzeichnet?

Die gute Nachricht ist: Es gibt durchaus pfiffige Entscheider in Unternehmen, die das verstanden haben, die Respekt vor der Lebenssituation der Kandidaten zeigen und auch Verständnis für mögliche Probleme und Hindernisse aufbringen. Sie arbeiten aktiv mit und tun ihr Bestes, um nicht nur dem Kandidaten, sondern auch dessen Familie einen guten Start in der neuen Umgebung zu ermöglichen. Und damit tun sie auch ihr Bestes, um die Besten für ihr Unternehmen zu gewinnen.

Auf der Zielgeraden

Es ist (fast) geschafft: Der Personalberater hat geeignete Kandidaten identifiziert und erfolgreich angesprochen und sie sind an einem persönlichen Gespräch mit dem Auftraggeber interessiert. Nun heißt es: Nur keine Fehler machen, die eine erfolgreiche Besetzung gefährden, weil sie noch im letzten Moment die Interessenten verprellen. Der Teufel liegt dabei wie so oft im Detail.

Das Besetzen von Spitzenpositionen gehört ja nicht unbedingt zur alltäglichen Routine, daher gibt es offenbar in vielen Unternehmen zwar haarkleine Vorgaben zur Durchführung von Eignungstests und Assessment-Centern, aber keine klaren Abläufe für den Besuch von Kandidaten für Führungspositionen. An und für sich ist das nicht schlimm – sofern es den Verantwortlichen bewusst ist und sie entsprechende Vorkehrungen treffen, um einen reibungslosen Ablauf zu ermöglichen. Wie böse das aber bei Unwissenheit oder Ignoranz ins Auge gehen kann, weiß ich aus Erfahrung. Es gibt eine ganze Reihe an Fettnäpfchen, in die Unternehmen in dieser sensiblen Phase der Stellenbesetzung immer wieder tappen und damit den Vertragsabschluss mit ihrem Wunschkandidaten leichtsinnig aufs Spiel setzen.

Ein paar typische Szenarien möchte ich an dieser Stelle skizzieren, die Sie vermutlich zum Schmunzeln bringen, weil sie für Außenstehende wie Slapstick-Einlagen aus einer Filmkomödie anmuten. Mich treiben solche Situationen hingegen regelmäßig an den Rand des Wahnsinns. Mindestens. Und ich vermute, meinen Kollegen geht es ähnlich.

Erster Eindruck? Miserabel

Herr Dr. Wiegand, Kandidat als Head of Investor Relations, erscheint etwas früher als geplant bei einem international tätigen Mobilitätsdienstleister und wird in der großzügig gestalteten Lobby von einer jungen Dame mit den Worten begrüßt: »Hi! Na, wer bist du denn?«

Der promovierte Kandidat ist von der persönlichen Ansprache sichtlich irritiert. Aber gut, die Empfangsdame weiß vermutlich gar nicht, wer er in Wirklichkeit ist. Er drückt daher einfach mal ein Auge zu. Ohne zu viel zu verraten – er möchte natürlich diskret sein und das anstehende Bewerbungsgespräch nicht plump herausposaunen –, erklärt er seine Verabredung mit dem CEO.

»Ui, da bist du jetzt aber echt ganz schön früh dran«, flötet die junge Dame und schaut etwas ratlos aus der Wäsche. »Weiß gar nicht, ob unser Chefchen schon da ist … Was mach' ich denn jetzt bloß mit dir?«

Eine ebenfalls häufig anzutreffende Variante eines misslungenen Erstkontakts mit dem Unternehmen ist der etwas verplante Pförtner, der offenbar nicht einmal den Namen seines Vorstandsvorsitzenden kennt und den Besucher daher mit großen Augen bestaunt wie ein Alien, das nach dem Weg fragt: »Zu *wem* wollen Sie? Herr Oberle? Den gibt's hier nicht …«

Also, was tun gegen einen verpatzten Start? Diskretion ist natürlich gut und wichtig, aber wenn der Kandidat deswegen schon am Empfang abgewiesen wird oder umgekehrt schnell mal noch mit anpacken soll, bis er von wem auch immer abgeholt wird, macht das keinen guten ersten Eindruck. Die Lösung: Information ist wie so oft Trumpf!

Ich empfehle meinen Auftraggebern, die Mitarbeiter, die als Erste mit dem Kandidaten in Kontakt treten werden, möglichst schon am Vortag einzuweihen. Meist lasse ich gleich noch eine Warnung folgen: Kleinigkeiten, die dennoch tief blicken lassen, können beim ersten Kontakt der Anfang vom Ende sein! Das bedeutet, selbst wenn in der Unternehmenskultur Duzen gang und gäbe ist, sollten Pförtner,

Empfangspersonal und Assistenten vorsichtshalber einmal darauf verzichten, vor allem bei Kandidaten für Führungspositionen. Sonst riskieren sie, den Gesprächspartner ungewollt zu brüskieren und durch eine solche Lappalie wie eine unangemessene Ansprache den positiven Ausgang des Vorstellungsgesprächs oder gar des gesamten Recruiting-Prozesses aufs Spiel zu setzen.

Mal ganz davon abgesehen, ob ein Unternehmen einen Kandidaten letztlich für sich gewinnen kann oder nicht: Sich stets von der Schokoladenseite zu zeigen kann in puncto Fremdwahrnehmung nie schaden. Jeder Arbeitgeber, dem der Ruf vorauseilt, respektvoll mit Menschen umzugehen, wird für potenzielle neue Mitarbeiter logischerweise attraktiver sein. Ein positives Image ist eben verlockend!

Terminchaos

Der erste vielversprechende Kandidat für den Posten als Chief Information Officer (CIO) bei einem namhaften Messgerätehersteller wird vom Vorstandschef verabschiedet und höflich hinausbegleitet. In einer halben Stunde steht das nächste Gespräch an. Doch auf dem Flur kommt es zu einer Begegnung der unerwarteten Art: »Ach, du auch hier? Was für ein Zufall!«, ruft der Neuankömmling in ironischem Tonfall.

Der Super-GAU! Irgendjemand hat bei der Terminplanung geschlampt, sodass sich die Kandidaten aus konkurrierenden Unternehmen hier über den Weg laufen. Der eine kommt gerade aus dem Vorstellungsgespräch, der andere muss noch, ist aber zu früh dran. Offenbar dachte der Empfang, es wäre netter, ihn im Lounge-Bereich vor dem Besprechungszimmer warten zu lassen. Kaffee und Kekse gab es natürlich auch, das gebietet schließlich der Anstand. Dass sich die beiden Kandidaten kennen, ist kein Wunder bei dem engen Markt. Umso peinlicher ist diese Situation – und an Indiskretion kaum zu übertreffen.

Auch bei dieser Geschichte liegt der Schlüssel in der gewissenhaften Vorbereitung. Eigentlich sollte die Lösung selbstverständlich sein: Wenn an ein und demselben Tag mehrere Interessenten aus verschiedenen Unternehmen eingeladen wurden, dürfen sich diese Personen unter gar keinen Umständen über den Weg laufen – weder in der Lobby noch auf dem Weg zu den Waschräumen oder zum Parkplatz. Eine durchdachte zeitliche Koordination mit ausreichend Pufferzeiten ist demnach essenziell für einen reibungslosen Ablauf ohne unerwartete und ungewollte Begegnungen. Man weiß doch aus Erfahrung, dass manche Menschen grundsätzlich überpünktlich sind – besonders bei einem Interview für einen neuen Job – oder dass vielleicht auch einfach weniger Verkehr war als gedacht.

Und auch hier gilt wieder: Information ist Trumpf! Nur wenn das Empfangspersonal Bescheid weiß, kann es dafür sorgen, dass der zu früh eingetroffene Interessent in einem Konferenzraum am anderen Ende des Gebäudes wartet statt in der Lobby. Kaffee und Kekse kann er schließlich auch dort in Ruhe genießen und die Diskretion bleibt gewahrt. So einfach kann es sein!

Kuddelmuddel

Frau Winkler hat bereits vom Personalberater die Eckpunkte der angebotenen Position als Managerin International Sales & Marketing für einen namhaften Lebensmittelhersteller erfahren. Grundsätzlich gefällt ihr das beschriebene Aufgabenprofil, vor allem weil die skandinavischen Länder als Schwerpunkt in ihren Verantwortungsbereich fallen sollen, für die sie ein besonderes Faible hat. Dieser Aspekt hat sie gleich beim Follow-up-Telefonat überzeugt und ihr Interesse geweckt.

Nun sitzt sie im Besprechungszimmer ihres potenziellen neuen Arbeitgebers und möchte von den Entscheidern noch einmal Genaueres darüber erfahren, wie sich ihr Tätigkeitsfeld gestalten wird. Zu ihrer Überraschung erzählt ihr künftiger Vorgesetzter nun aber etwas völlig anderes: Skandinavien sei für sie doch gar nicht vorgesehen, sondern Südeuropa mit Frankreich, Italien, Spanien und Portugal. Den Norden würde einer der angestammten Sales-Manager übernehmen. Der Geschäftsführer schaltet sich ein, denn er ist anderer Meinung, was das geplante Aufgabenspektrum betrifft. Es herrscht schnell ein heilloses Durcheinander und zunehmend Unklarheit. Der Personalberater ist erst einmal baff. Dieser Torpedo trifft auch ihn völlig unvorbereitet.

Die beiden Entscheider sind schnell in die hitzige Diskussion um die Aufteilung der Regionen vertieft, steigern sich immer weiter hinein und der Personalberater versucht, schnellstmöglich zu schlichten und zu einer guten Lösung zu kommen. Doch vergeblich. Die Fronten sind verhärtet.

Frau Winkler ist zunehmend verunsichert. Hier scheint ja die linke Hand nicht zu wissen, was die rechte tut, und umgekehrt. Ob sie sich das wirklich antun sollte? Insgeheim überlegt sie, ob es nicht besser wäre, doch noch abzuspringen, und denkt bereits über plausible Gründe nach, die sie für ihre Ablehnung des Vertragsangebots vorbringen kann.

So absurd sich diese Situation anhört – ich erlebe sie gar nicht so selten. Aus den unterschiedlichsten Gründen kommt es zum wirklich ungünstigsten Zeitpunkt, gerne beim finalen Gespräch und somit kurz vor der Vertragsunterzeichnung, noch zu total überflüssigen Unstimmigkeiten oder Streitereien. In vielen Fällen stellt sich gerade dann – leider viel zu spät – heraus, dass bei der Erstellung der Job-Description unverzeihliche Fehler passiert sind. Entweder haben sich die Entscheider intern nicht richtig abgesprochen oder jeder verfolgte von vornherein seine eigene Agenda. Und der Headhunter wusste von nichts.

Für jeden Personalberater ist eine solche Situation äußerst heikel, denn mit hoher Wahrscheinlichkeit ist der Kandidat nach einer solchen Aktion über alle Berge. Manchmal lassen sich verschreckte Interessenten noch durch gutes Zureden nach einem dermaßen verhunzten Gespräch einfangen, doch ehrlich gesagt gelingt es mir nicht immer. Darum ist es mir persönlich wichtig, von Anfang an möglichst mit allen Entscheidern gemeinsam das Anforderungsprofil zu erstellen und alle Unklarheiten und Unstimmigkeiten zu beseitigen. Dennoch: Hellsehen kann selbst ich nicht. Wenn beim Briefing nicht alle Tatsachen auf den Tisch kommen oder schwelende Konflikte zwischen den Entscheidern nicht in einem frühen Stadium des Recruiting-Prozesses ausdiskutiert werden, habe ich bei der Besetzung einer offenen Stelle realistisch betrachtet kaum eine Chance (mehr dazu auch in Kapitel 4, »*Die geklonte Führungselite: Dolly lässt grüßen*«). Denn dieses Pulverfass wird irgendwann hochgehen, und das höchstwahrscheinlich im ungünstigsten Moment. Mehr als warnen und um Offenheit bitten kann ich aber nicht, alles andere liegt in der Verantwortung der Auftraggeber.

Zeit ist relativ

Das Gespräch mit Herrn Dr. Ross ist gut verlaufen, die Entscheider sind zufrieden und der CEO verabschiedet sich von ihm mit der bekannten Floskel: »Sie hören bald von uns.« Leider stellt sich heraus: »Bald« bedeutet in diesem IT-Konzern ganz eindeutig nicht asap, »as soon as possible«. Denn mehrere Wochen ziehen ins Land, bevor sich jemand aus der Personalabteilung endlich einmal bequemt, dem Kandidaten eine Rückmeldung zu schicken.

Doch die damit verbundene Einladung zum Folgegespräch schlägt Herr Ross aus. Er hat mittlerweile das Interesse an der angebotenen Stelle als General Counsel verloren: Wenn das Unternehmen schon im Bewerbungsprozess so lahm ist, wie ist es dann in dem Geschäftsbereich, den er leiten soll? Das lässt doch tief blicken! Nein, er bleibt lieber, wo er ist. In seinem angestammten Unternehmen weiß er wenigstens ganz genau, wie der Hase läuft, selbst wenn ihm dort nicht alles passt.

Mich wundert es im Gegensatz zu vielen meiner Auftraggeber nicht, dass Kandidaten aufgrund von überlangen Wartezeiten das Interesse verlieren und schnellstmöglich das Weite suchen oder stattdessen lieber das Angebot von der Konkurrenz annehmen. Wieder einmal gilt: Wer langsam ist, verliert! Hinzu kommt der Faktor Höflichkeit. Lange Wartezeiten vergeuden die Zeit der Spitzenkandidaten. Diese sind schließlich in Vorleistung gegangen und haben Interesse an der ausgeschriebenen Position bekundet. Sie haben einen Teil ihrer kostbaren Zeit geopfert, um mit dem Personalberater zu sprechen und zum Interview anzureisen. Das Mindeste, was der Auftraggeber seinerseits tun kann, ist, zügig zu einer Entscheidung zu kommen und diese dann auch zeitnah zu kommunizieren.

Indem sie schnell reagieren, schlagen Unternehmen mehrere Fliegen mit einer Klappe. Warum? Ganz einfach: Interessenten prüfen gern mehrere Angebote und verschaffen sich von ihren potenziellen neuen Arbeitgebern während des gesamten Kennenlernprozesses einen umfassenden Eindruck. Unternehmen tun sich demzufolge nicht den geringsten Gefallen, wenn sie ihren Kandidaten wochen- oder gar monatelang auf ein erstes Feedback warten lassen. Das lässt sie in keinem guten Licht erscheinen und überschattet eine mögliche zukünftige

Zusammenarbeit unnötig (siehe dazu auch die Abschnitte »*Nagende Zweifel*« und »*Die Qual der Wahl*«). Durch kurze Wartezeiten und fixe Entscheidungen sichern sich die Unternehmen hingegen unter Umständen einen Wettbewerbsvorteil, weil sie ihren Konkurrenten die besten Leute einfach vor der Nase wegschnappen!

Ticktack!

Herr Müller ist erfolgreich von einem Researcher angesprochen worden, hat sich mit dem Personalberater getroffen und ist heiß auf einen Jobwechsel – er will definitiv seinen Hut für die Stelle als Chief Technology Officer (CTO) bei einem marktführenden Mittelständler in den Ring werfen. Für diese Chance »opfert« er gerne einen Tag für die An- und Abreise zum Vorstellungsgespräch. Der Personalberater freut sich ebenfalls, weil er mit Herrn Müller einen der aussichtsreichsten Kandidaten für das Unternehmen gewinnen konnte. Er zählt zu seinen Geheimfavoriten.

Das erste Gespräch läuft mehr als gut, alle sind begeistert, aber es sind noch ein paar andere Kandidaten im Rennen. Herr Müller ist zum Glück weiterhin motiviert und interessiert und will auch gerne noch einmal zu einer weiteren Entscheidungsrunde kommen. Doch dann grätscht der Auftraggeber mehrfach dazwischen: Vereinbarte Termine werden nicht eingehalten oder aus nicht besonders triftigen Gründen kurzfristig verschoben. Der Personalberater legt sich mächtig ins Zeug, damit der vielversprechende Kandidat weiterhin am Ball bleibt, und redet ihm gut zu.

Endlich soll ein neuer passender Termin für das letzte Gespräch vereinbart werden. Mittlerweile ist schon etwas

Zeit verstrichen, es ist bereits der 28. Mai. Der unfassbare Vorschlag von der Assistenz des Auftraggebers lautet: »Wie wär's denn mit dem 5. Juli um 16.30 Uhr? Das würde beim Vorstand sehr gut passen!«

Ernsthaft? Ein Termin nach Quartalsende? Wir sind doch nicht beim Zahnarzt! Nach derartigen Vorschlägen stehe ich kurz vor einem veritablen Tobsuchtsanfall, denn das ist eine Lose-lose-Situation und weder der Assistenz noch den Entscheidern fällt das offenbar auf!

Das ist meiner Erfahrung nach tatsächlich etwas, das wenige auf dem Schirm haben, obwohl es die normalste Sache der Welt ist: die üblichen Kündigungsfristen. In der Regel sind das drei, sechs oder gar noch mehr Monate zum Monatsende beziehungsweise meist zum Quartalsende. Das heißt im Klartext: Es gibt bestimmte »Verfallsdaten« für die erfolgreiche, zeitnahe Besetzung einer offenen Stelle. Im beschriebenen Fall bedeutet das: Am 28. Mai bleiben noch genau ein Monat und zwei Tage für die Entscheidung und den Vertragsschluss, damit der Wunschkandidat noch fristgerecht kündigen kann. So vorausschauend denkt jemand, der eine ausgeschriebene Stelle schnellstmöglich besetzen will.

Ich behaupte ja nicht, dass es einfach wäre, alle Beteiligten optimal zu koordinieren, denn in den meisten Fällen ist es das gerade nicht: Gespräche mit Topkandidaten macht man schließlich nicht zwischen Tür und Angel, sondern muss dafür locker mehrere Stunden einplanen. Vor dem endgültigen Vertragsabschluss müssen in der Regel auch noch einmal wichtige Details besprochen und untereinander abgestimmt werden. Und selbst Topmanager machen von Zeit zu Zeit Urlaub oder werden mal krank oder müssen anderweitig unaufschiebbare Termine wahrnehmen. Möglicherweise kommt dann noch ein Feiertag dazwischen, der den Prozess in die Länge zieht.

Doch Zeit müssen sich alle Entscheider nehmen, egal wie voll ihre Terminkalender gerade sein mögen. Für sie sollte die Besetzung einer Spitzenposition oberste Priorität haben. Dafür fallen Termine, die nicht ganz so wichtig sind, eben unter den Tisch beziehungsweise werden entsprechend verschoben. Es hilft nichts: Die Auftraggeber müssen den eingeladenen Kandidaten entgegenkommen. Denn selbst der Interessierteste lässt sich auf übermäßig lange Wartezeit nicht ein, sondern geht lieber woandershin, nämlich zu einem entscheidungsfreudigeren, zu einem schnelleren Unternehmen. Schließlich trifft er mit einem Jobwechsel eine gravierende Lebensentscheidung für sich und womöglich für seine gesamte Familie.

Eines ist sicher: Im Kampf um die Topleute gewinnt immer der Schnellere. Immer. Wer am Startblock zu viel Zeit verplempert und nur gemächlich joggt, braucht sich nicht zu wundern, dass das Rennen längst vorbei ist, noch bevor er die Zielgerade auch nur erahnen kann.

Unternehmen im Höhenflug

»Wir sind ein toller Arbeitgeber und jeder wäre froh, bei uns zu arbeiten!« Diese Einstellung legen viele Firmen an den Tag, wobei die Selbstwahrnehmung und die Fremdwahrnehmung nicht immer unbedingt deckungsgleich sind – Stichwort Augenmaß. Ja, schon klar, wenn man noch nichts anderes gesehen oder erlebt hat, ist dieser Glaube an die eigene Vollkommenheit nachvollziehbar. Es entspricht eben nur nicht der Realität. Da fehlt schlicht und ergreifend der dringend nötige Vergleich.

Erst vor Kurzem las ich die Schlagzeile »Unmöglicher Job zu vergeben« in der *Süddeutschen Zeitung*. Der Autor verglich in dem Artikel interessanterweise, wie ich es ebenfalls gerne tue, die Besetzung von Spitzenpositionen – in diesem Fall ging es um die Deutsche Bank – mit dem Spitzensport. »Der bedeutsamste Fußballverein der Republik sucht gerade einen Trainer, den es so nicht gibt – weil ein Heynckes sich nicht unterordnen will, ein Tuchel nicht zur Klub-Folklore passt, ein Hasenhüttl nicht erfolgreich genug ist und die ausländischen Kandidaten zwar oft große Erfolge vorweisen können, aber meist keine Deutsch-Kenntnisse.«[7] Bei der Deutschen Bank sei es nicht viel anders, sie habe einen nahezu unmöglichen Job zu vergeben. Der Autor kam zu der Schlussfolgerung, dass das Finanzinstitut im Gegensatz zum FC Bayern eben nicht mehr in der Champions League spielt, was die Suche nach einem passenden Kandidaten erschwert.

Ich sehe das genauso. Doch die Frage »In welcher Liga spielen wir eigentlich?« stellen sich die hiesigen Unternehmen meiner Ansicht nach viel zu selten. Sie reden sich ihren eigenen Status schön, halten sich für den perfekten Arbeitgeber, um den sich alle »Bewerber« reißen sollten – selbst wenn das Eigenlob objektiv betrachtet nicht unbedingt angebracht ist. Sie wünschen sich infolgedessen Kandidaten, die es in der Form überhaupt nicht geben kann, und sind nicht bereit, von ihren hohen Erwartungen und überzogenen Anforderungen auch nur einen Millimeter abzuweichen. Diese Illusion geht manchmal so weit, dass die Unternehmen anscheinend glauben, die Personalberater, aber auch die Kandidaten müssten auf ewig dankbar sein, dass sie für diese grandiose Firma tätig werden dürfen.

Es ist ein hartes Stück Arbeit, Auftraggeber möglichst sanft von ihrem hohen Ross herunterzuholen. Manchmal gelingt es mir nicht, aber dann wird es in der Regel auch nichts mit der Stellenbesetzung. Ich sehe es bis zu einem gewissen Grad als meine Aufgabe, die Außenwirkung des Unternehmens zurückzuspiegeln, sodass sich zur beschönigenden Selbstwahrnehmung die mitunter durchaus kritische Fremdwahrnehmung gesellen kann. Ziel der Übung: ein Realitätscheck. Der mündet hoffentlich darin, dass eine realitätsnahe Diskussion darüber geführt werden kann, wer denn tatsächlich für das Unternehmen infrage käme, statt der ewigen Forderung: »Wir wollen aber nur die Besten, denn wir sind schließlich die Besten.« Eine derartige Aussage stellt nämlich auch auf Auftraggeberseite hohe Anforderungen – doch das wollen viele Unternehmen (noch) nicht wahrhaben.

Um es mit dem Profisport zu sagen: Nur wer in der Rangliste an der Spitze steht, ist berechtigt, sich die »Besten der Besten der Besten« zu wünschen – und mit dem richtigen Angebot stehen die Chancen gut, dass sich der Topverein auch die besten Spieler ins Team holen kann. Eine entscheidende Frage, die sich der Verein stellen und vor allen Dingen ehrlich beantworten muss, ist: »Wo stehen wir in der Rangliste? In welcher Liga spielen wir?« Die Sportgemeinschaft 09 Wattenscheid wünscht sich vermutlich auch die Besten der Besten. Schön und gut, wünschen kann man sich ja viel. Das einzige Problem dabei ist: Die absoluten Spitzenspieler gehen nicht zu Wattenscheid. Sorry, liebe Wattenscheid-Fans. Niemals! Zum Erstligisten hingegen schon eher und zum FC Bayern sofort. Oder doch lieber zu Real Madrid …?

Gleiches gilt im Unternehmenskontext: In welcher Liga spielen die auftraggebenden Unternehmen? Was zeichnet sie aus, welche Vorzüge bringen sie mit ins Rennen um die besten Köpfe? Und reicht das wirklich aus, um die Besten der Besten der Besten zu einem Wechsel zu animieren – oder sollten sie doch besser kleinere Brötchen backen, zumindest vorerst? In vielen Fällen wäre meiner Meinung nach mehr Bescheidenheit angesagt, nicht zuletzt mit Blick auf eine nachhaltige und passgenaue Besetzung der Vakanz.

Nehmen Sie jeden x-beliebigen Weltklasse-Fußballer, das Beispiel kennen Sie ja schon: Würde einer von ihnen für einen Zweitligisten spielen, nur weil man ihm doppelt so viel Geld anbietet? Vermutlich nicht, schon aus Prinzip. Und selbst wenn, er würde dem Verein vermutlich auch nicht guttun, denn dieser spielt schließlich in der Zweiten und nicht in der Ersten Liga. Was in der Welt des Fußballs glasklar und unumstößlich erscheint, wird in Unternehmen allzu oft verkannt: Eine Firma, die in der Zweiten Liga oder gar in der Kreisklasse spielt, braucht gute Leute, die in genau dieser Klasse spielen können – und nicht den Star von zwei Ligen höher. Der bringt nur Unruhe, Verwirrung, ungute Gruppendynamik, aber keinen Antrieb zum Aufstieg. Ein solcher kommt nämlich aus einer realistischen Mannschaft, passenden Führungspersönlichkeiten und der Chance, mit eigenen Erfolgen zu wachsen. Und mal ganz ehrlich: Wären ein Messi, ein Ronaldo oder ein Neymar glücklich in Wattenscheid? Wüssten sie denn, wo das liegt? Und würden sie dort überhaupt eine zweite Saison spielen wollen?

Spieglein, Spieglein an der Wand …

… wer ist der beste Arbeitgeber im ganzen Land? Diese Frage versuchen offenbar jedes Jahr viele unterschiedliche Akteure zu beantworten. Hier ein paar Beispiele.

Die Karriereplattform Glassdoor hat per Algorithmus die besten Arbeitgeber Deutschlands für 2018 ermittelt.[8] Zu diesem Zweck wurden freiwillige und anonyme Bewertungen von Mitarbeitern aus den vergangenen zwölf Monaten ausgewertet. Auf Platz 1 landet demnach die Managementberatung Bain & Company, gefolgt von MHP, ein Tochterunternehmen von Porsche, das im Bereich Management- und IT-Beratung tätig ist. Die Bronzemedaille geht an SAP, auf Platz 4 schafft es der Halbleiterkonzern Infineon Technologies und die Nummer 5 ist der Sportartikelhersteller Puma.

Mit dem Versuch, den besten Arbeitgeber Deutschlands zu identifizieren, steht die Karriereplattform längst nicht alleine da. Das Nachrichtenmagazin *Focus* ermittelte in Zusammenarbeit mit der Bewertungsplattform Kununu sogar »Deutschlands 1 000 beste Arbeitgeber 2018«[9] – offenbar ganz nach dem Motto: »Viel hilft viel!« Keine Sorge, ich will hier gar nicht alle tausend Einträge aufzählen, sondern beschränke mich auf die ersten fünf, und das sind folgende: Adidas, Google, Bayer, BMW und Daimler. Laut *Focus* sind die Mitarbeiter bei diesen Unternehmen am zufriedensten und würden ihren Arbeitgeber weiterempfehlen.

Ich werfe sogar noch zwei weitere, vielleicht etwas objektivere Rankings in den Ring: Zum einen die wertvollsten Unternehmen Deutschlands (gemessen am Börsenwert); in die Top 5 schaffen es hier SAP, Siemens, Volkswagen, Allianz und Bayer.[10] Zum anderen die zehn wertvollsten Marken Deutschlands[11] (logischerweise nach Markenwert). In dieser Liste belegt SAP Platz 1, gefolgt von der Deutschen Telekom, BMW, Mercedes-Benz und DHL.

Egal welches Ranking man nimmt, klar ist eines: Die dort genannten Spitzenunternehmen tun sich natürlich um einiges leichter, Toptalente für sich zu gewinnen, und das vielleicht sogar langfristig.

Attraktivität ist relativ

Offenbar sind sich die Bundesbürger und Statistiker nicht ganz einig, wer nun der Beste der Besten der Besten im Lande ist – wobei SAP zumindest in dieser kleinen Auswahl recht gut wegkommt. Aber was bedeutet das nun insgesamt? In meinen Augen erkennt man in diesem Kuddelmuddel zwei wichtige Aspekte:

1. Es kommt immer auf den Blickwinkel an, also wen man fragt: Was macht »den Besten« aus? Was ist der Maßstab?
2. Es gibt immer ein Ranking, egal ob auf Arbeitgeber- oder Arbeitnehmerseite.

Das heißt: Jedes Unternehmen strebt danach, »die besten« Mitarbeiter und Führungskräfte zu finden. Und jeder Manager will beim »Besten« arbeiten. Logischerweise kann es aber immer nur einen Sieger, einen Ersten, einen Allerbesten geben, der das Ranking anführt. Beim Marktführer wollen vermutlich die meisten gerne arbeiten, vor allem aus Prestigegründen. So mancher würde sogar auf einen Teil seines Gehalts verzichten, um an einen Job bei einem – aus welchem Grund auch immer – heißbegehrten Unternehmen zu kommen, und würde sich ein Loch in den Bauch freuen, wenn er am Ende eine Zusage erhält. Der Rest muss sich zwangsläufig mindestens mit dem Zweitbesten zufriedengeben. Es hat keinen Sinn, sich in die Tasche zu lügen, wenn das eigene Unternehmen nicht die absolute Nummer eins ist, denn diese Illusion macht letztlich eine ideale Stellenbesetzung unmöglich. Wenn Unternehmen den falschen Maßstab anlegen, kann das nur in eine mittlere Katastrophe führen.

Und wie man es auch dreht und wendet, die Attraktivität eines Unternehmens für einen potenziellen neuen Mitarbeiter ist etwas höchst Subjektives. So würde vermutlich auch nicht jeder von Ihnen vom Fleck weg bei SAP arbeiten wollen, auch wenn das Unternehmen noch so gut in verschiedenen Rankings abschneidet. Es ist eben nur ein Faktor unter vielen und die persönliche Ansicht des Kandidaten ist unter dem

Strich mindestens ebenso entscheidend für eine erfolgreiche Besetzung wie die realistische Einschätzung der Attraktivität des Unternehmens.

Den Umständen entsprechend: Jeder spielt in seiner Liga

Für ein solides mittelständisches Unternehmen mit Firmensitz in der Eifel soll ein neuer Marketingleiter gefunden werden. Dem Personalberater ist von Beginn an klar: Das wird eine harte Nuss. Das verschweigt er dem Auftraggeber auch nicht, er will schließlich mit offenen Karten spielen. Er ist allerdings skeptisch, ob er mit seinen Einwänden tatsächlich bei seinem Gegenüber durchdringt.

Sei es drum. Das Research-Team macht sich an die Arbeit und nach einigen Monaten steht wieder ein Termin beim Auftraggeber an. Der Personalberater ist gut vorbereitet und präsentiert die Shortlist mit den anonymisierten Profilen der angesprochenen Interessenten. Der Geschäftsführer ist allerdings mit dem Ergebnis der Suche äußerst unzufrieden und beschwert sich: »Ja, aber das können doch wohl nicht die Topleute sein?!«

Nun ist der Personalberater gezwungen, mit ausführlichen Berichten darzulegen, warum die Suche nach Interessenten sich so schwierig gestaltet und warum die Kandidaten, die er bringt, für dieses Unternehmen »die Besten« sind. Jede Menge Überzeugungsarbeit – und das nur, weil der Auftraggeber der Illusion erliegt, in einer höheren Liga zu spielen. Und mal ehrlich: Wer will schon in die Eifel, wenn er nicht aus der Gegend stammt? Hier wäre eine gute Portion Realismus wünschenswert.

Es gibt so schöne Gegenden in Deutschland – zum Urlaubmachen sowieso. Touristen tummeln sich gerne in beschaulichen Ortschaften, doch dauerhaft im Provinznest zu wohnen und zu arbeiten, das steht vor allem bei hochkarätigen Managern nicht sonderlich hoch im Kurs. Topleute aus den Metropolen in Klein- und Kleinststädte auf dem Land zu locken ist daher ein nahezu unmögliches Unterfangen, und mag es dort noch so eine schöne, idyllische Landschaft und hübsche Fachwerkhäuschen geben. Das zählt in der Regel nicht.

Manager im deutschsprachigen Raum sind wie schon gesagt vielfach nicht bereit, für den nächsten Schritt auf der Karriereleiter umzuziehen. Auch ein Pendlerdasein mit Wochenendfamilie und -beziehung würden viele nicht akzeptieren.[12] Das deckt sich auch mit meinen Erfahrungen bei der Stellenbesetzung: Großstadtneurotiker in die Pampa locken? Unmöglich!

Zu einem Wechsel in eine andere Branche oder eine neue Fachrichtung ließen sie sich hingegen eher verlocken: Rund 85 Prozent würden in eine andere Branche wechseln, rund 70 Prozent fachlich in eine neue Richtung gehen. Sogar ein Rückschritt auf der Karriereleiter stünde bei über 40 Prozent der Führungskräfte durchaus zur Debatte und mehr als 22 Prozent geben an, sie würden sich sogar mit weniger Gehalt zufriedengeben.[13] Interessante Aspekte, die viele Unternehmen bei der Suche und Auswahl von Spitzenmanagern berücksichtigen sollten, vor allem jene, die bei der Stellenbesetzung nach wie vor an ihrer eigenen Branche kleben (mehr dazu in Kapitel 4, »*Lösungsorientierte Suche nach Personal*«).

Eine Frage des Standorts

Ein immer wieder gerne unterschätzter Faktor bei der Stellenbesetzung ist der Standort. Es ist vielen Unternehmen so unendlich schwer zu vermitteln, wie unattraktiv deren Umgebung gerade für Spitzenkräfte ist. Klipp und klar ausgedrückt: Wenn Sie Unternehmer sind und Ihre Firmenzentrale nicht in München ist, werden Sie Schwierigkeiten haben, offene Spitzenpositionen zu besetzen. Gut, in Hamburg haben Sie auch noch eine Chance – vorausgesetzt, Sie suchen einen Hamburger für den Job. Und nach Frankfurt wollen die Finanz-Geaks gerne, dort fühlen sie sich wohl.

Außerhalb dieser Hotspots wird es zunehmend unattraktiv. Der Hidden Champion im Sauerland lockt kaum einen international gefragten Manager hinter dem Ofen hervor – im Sauerland müssen sich die Entscheider daher an den »Überzeugungstäter« halten, wie ich ihn gerne nenne: Wenn ein Personalberater beispielsweise einen neuen Geschäftsführer Forschung und Entwicklung für ein hoch spezialisiertes Unternehmen sucht, das zu den drei Weltmarktführern zählt, und die Konkurrenz sitzt in Mexiko und in China, dann kommt der Topkandidat mit hoher Wahrscheinlichkeit aufgrund seiner Leidenschaft für seinen Job auch ins idyllische Sauerland, und das vermutlich sogar ziemlich gerne.

Verstehen Sie mich nicht falsch, das soll keineswegs die Qualifikation des Kandidaten fürs Sauerland herabstufen. Wichtig ist, dass Unternehmen verstehen und realistisch einschätzen, in welcher Liga sie spielen und welche Kandidaten sie demzufolge erfolgreich ansprechen können. Gut, ansprechen kann man grundsätzlich alle, wenn man möchte. Ich für meinen Teil bevorzuge es jedoch, im Vorfeld die aussichtsreichsten Kandidaten auszuwählen und mich mit ihnen zu unterhalten. Das allein ist zielführend, alles andere vergeudet nur Ressourcen.

Warum in die Ferne schweifen?

»It's not the end of the world, but I can see it from here.« Dieser Spruch der walisischen Rockband Lostprophets über das Ende der Welt in Sichtweite bringt die Schwierigkeit auf den Punkt: Standortnachteile sind an und für sich nur schwer auszugleichen und sie lassen sich nicht wegdiskutieren. Wenn Unternehmen bei den Angaben zu seinem Firmensitz nur »mitten in der Pampa« oder »fast am Ende der Welt« eintragen können, haben sie ein ernstes Problem, wenn sie gleichzeitig darauf beharren, dass der Personalberater die absolut Besten ihres Fachs ausfindig machen und bezirzen soll, den Job zu wechseln und damit auch ihren Lebensmittelpunkt dorthin zu verlagern. Das stellt den Personalberater vor eine schier unlösbare Aufgabe, denn für die Besetzung mit Spitzenkräften ist diese Konstellation denkbar ungünstig, weil das Unternehmen für diese Leute total unattraktiv ist. Den Firmensitz kann man aber auch nicht »mal eben so« an einen attraktiveren Standort verlegen. Also, was tun?

Hier ist erst einmal der Auftraggeber gefordert, ein hohes Maß an Selbstreflexion an den Tag zu legen. Doch oftmals stoße ich in solchen Situationen auf Unverständnis. Es wird seitens des Auftraggebers dann mit »anderen« Vorzügen der Region argumentiert, mit den innovativen Produkten, dem interessanten Themenfeld et cetera. Diese Aspekte sollten doch den *winzigen* Standortnachteil bei Weitem überwiegen. Ich muss meine Kunden dann leider regelmäßig enttäuschen: Das stimmt nicht. Die »anderen« Vorteile helfen ihnen nicht. Fakt ist, dass sie jemanden dazu bewegen wollen, die hippe Großstadt zugunsten eines Lebens in der Provinz aufzugeben. Versetzen Sie sich dafür einmal in die Perspektive eines Spitzenkandidaten: Warum sollte er das ernsthaft in Betracht ziehen, wenn ihm anderweitig alle Türen offenstehen – auch in den Metropolen Deutschlands oder gar in der großen weiten Welt?

Die Preisfrage lautet dann: Wie kann eine Firma mit Standortnachteil trotzdem bei geeigneten Kandidaten punkten? Indem sie zum Beispiel flexible Arbeitsmodelle oder eine zeitweilige Tätigkeit vom Home-Office akzeptiert oder sogar aktiv fördert. Vor allen Dingen muss sie sich klarmachen, wie attraktiv sie wirklich ist und wer demzufolge der ideale Kandidat ist. Daher sehe ich es auch als meine Aufgabe als Personalberater, den Unternehmen einen Spiegel vorzuhalten und sie mit ihrer Außenwirkung zu konfrontieren. Das setzt nach meiner Erfahrung durchaus wichtige Denkprozesse in Gang. Denn oft sind Selbst- und Fremdwahrnehmung alles andere als deckungsgleich.

Professionelle Personalberater und Research-Teams gehen deshalb bei der Suche systematisch von innen nach außen. Das bedeutet, sie investieren ihre Zeit und Energie in die Suche nach denjenigen, die näher am Bullseye der Kandidatenzielscheibe sind. Einen Treffer kann man immer landen – die Frage ist, wie groß die Zielscheibe ist. Wenn Sie die Scheibe überdimensional groß machen, treffen Sie in jedem Fall irgendetwas. Ob Ihnen das Ergebnis am Ende gefällt, steht dann allerdings auf einem anderen Blatt. Für Unternehmen ist es also nur von Vorteil, sich dem Realitätscheck zu stellen und ihre Ansprüche genauer unter die Lupe zu nehmen.

Es kann durchaus viel lohnender sein, sich bei der Suche nach den idealen Kandidaten auf die heimische Region zu beschränken, als die Besten der Besten der Besten weltweit identifizieren und ansprechen zu wollen. Bei nachweislichen Standortnachteilen ist es am vielversprechendsten, sich auf Interessenten zu konzentrieren, die vor Ort oder in einer vergleichbaren Region arbeiten. Denn sie sehen offensichtlich solche Standorte nicht als nachteilig an, im Gegensatz zu Kandidaten, die aus den Metropolen ins Hinterland wechseln sollen. Das tun sie nach meiner Erfahrung nämlich für kein Geld der Welt! Und falls doch: Oft sind sie schneller wieder weg, als dem Unternehmen lieb sein kann – wenn nämlich der um einiges attraktivere Standort winkt.

Die Besten der Besten der Besten

Kennen Sie den Film *Men in Black*? Darin gibt es eine Szene, in der Hauptdarsteller Will Smith alias James Edwards an einem mysteriösen Treffpunkt eintrifft. Der New Yorker Polizist betrit einen Raum, in dem bereits sechs Männer – alle in Uniformen gekleidet, er in legeren Freizeitklamotten – in eiförmigen Sesseln sitzen. Zed, der Leiter der Veranstaltung, erklärt feierlich, dass alle Anwesenden zu den Besten der Besten zählen. Einer von ihnen werde dringend gebraucht. Aber nur einer. Zudem kündigt er an, dass zum Auswahlprozess eine Art Assessment-Center gehört.

Der leicht verwirrt scheinende James Edwards erkundigt sich nach dem Sinn und Zweck der Versammlung, weil er leider etwas verspätet zu diesem »Vorstellungsgespräch« erschienen ist. »Wir sind hier, weil Sie den Besten der Besten der Besten suchen, Sir!«, erklärt einer der geschniegelten und gebügelten Mitbewerber – selbstverständlich Mitglied einer Eliteeinheit – mehr als enthusiastisch. Über diesen Ausbruch an leidenschaftlicher Hingabe macht sich Edwards lustig, denn im Grunde weiß offensichtlich keiner der anwesenden Kandidaten, worum es hier überhaupt geht, also wofür »der Beste der Besten der Besten« gesucht wird.

Wenn »die Besten« einfach nicht wollen

Zugegeben, das Beispiel aus *Men in Black* lässt sich auf die Wirtschaftswelt nicht uneingeschränkt übertragen, denn bei der Besetzung von Spitzenpositionen ist sehr wohl klar, worum es bei der zu besetzenden Stelle geht und welche Aufgaben der Kandidat wird erfüllen müssen. Worauf ich hinauswill, ist: Den Besten der Besten der Besten kann man nur ein einziges Mal besetzen. Das ist wie im Profifußball oder bei der Wahl zur Miss World. Und Hand aufs Herz: Wie stehen die Chancen wirklich, dass ein Unternehmen für dieses absolute Ausnahmetalent überhaupt infrage kommt? Es bringt herzlich wenig, wenn sich Firmen krampfhaft an diese Vorstellung klammern, wenn die Besten der Besten der Besten für kein Geld der Welt in dieses Unternehmen wechseln wollen – aus welchen Gründen auch immer. Wattenscheid lässt grüßen …

Ja, diese Erkenntnis mag im ersten Moment für viele Unternehmen bitter sein und an ihrem Selbstwertgefühl kratzen. Doch manchmal muss man der Realität ins Auge sehen, um sich weiterzuentwickeln. Soll die offene Stelle bis zum Sankt-Nimmerleins-Tag unbesetzt bleiben, nur weil die Besten der Besten der Besten einfach nicht anbeißen wollen? Wäre es nicht zielführender, mal einen anderen Kurs einzuschlagen, der Expertise des Headhunters zu vertrauen und sich die Kandidaten, die er vorschlägt, unvoreingenommen anzusehen?

Fatale Einschränkungen

»Wir wollen nur die Besten« – diese Forderung ist die am häufigsten gestellte von Unternehmen und wird oftmals weiter spezifiziert mit einem Zusatz in der Art: Die gesuchte Spitzenkraft solle »Benzin im Blut« oder ihr »Leben dem Werkzeugmaschinenbau verschrieben« haben, zumindest. Doch genau das ist gleich zweifach gefährlich: Je enger die Branche, desto weniger gute Leute gibt es. Die Wahrscheinlichkeit, mit dem Zweit- oder Drittbesten vorliebnehmen zu müssen, ist groß. Es ist wie in der Bundesliga: Weltklasse-Spieler sind nicht unbegrenzt vorhanden – von der Wechselbereitschaft mal ganz zu schweigen.

Dennoch sind Auftraggeber oftmals nicht von dem Gedanken abzubringen, die Besten der Besten der Besten seien auf Abruf produzierbar und lieferbar. Viele werden zu allem Überfluss am Ende auch noch wählerisch. Doch wenn die Auswahl aus einem einzigen passenden Kandidaten besteht, weil die Nische dermaßen eng ist – ist es dann wirklich noch eine Wahl? Und kann man es sich als Unternehmen wirklich leisten, diesen idealen Kandidaten ziehen zu lassen, »nur« weil der Interessent aus einer anderen Branche stammt und demnach der »Stallgeruch«[14] nicht passt? Ich würde behaupten: Nein!

»Wir schauen uns nur einen an – den Besten.« Auch mit dieser Einstellung schießen sich Auftraggeber, mit Verlaub, selbst ins Knie. Anders sollte man es gar nicht ausdrücken. Es ist doch ganz klar: Nach so einer Ansage muss der Personalberater zwangsläufig entweder seine »guten Leute« absichtlich zurückhalten oder er geht von vornherein mit weniger Leuten ins Rennen. Das ist keine Boshaftigkeit, sondern reiner Selbstschutz. Denn wenn es von Auftraggeberseite heißt, es wird nur die Nummer eins von der Liste eingeladen, sind die restlichen Kandidaten für diesen Besetzungsprozess in dem Moment gestorben, egal ob zwei, zehn oder achtzig Profile auf der Liste stehen. Sie kommen gar nicht zum Zug – und die übrigen Kandidaten will der Auftraggeber auf der nächsten Aufstellung natürlich auch nicht mehr sehen. »Der Beste« wurde schließlich schon eingeladen, der Rest ist demzufolge schlechter, das wäre nicht der ideale Deal. Also muss eine komplett neue Suche gestartet werden.

Es geht also vielmehr um die maßgeschneiderte, zum Unternehmen passende Definition von »den Besten«. Dazu ist eine radikale Analyse des Status quo nötig, unter anderem in puncto Attraktivität, Standort und Image. Wer hier ein gutes Augenmaß beweist, erhöht seine Chancen, den idealen Kandidaten für die offene Stelle zu finden und zu überzeugen. Innerhalb der potenziellen Kandidaten aus der passenden Liga muss im Anschluss eine sehr gute Auswahlentscheidung getroffen werden. In vielen Fällen wird es notwendig sein, die Kriterien entsprechend einzuschränken, sodass der richtige Kandidat für das Unternehmen gefunden werden kann. Volltreffer bedeutet eben nicht immer ein und dasselbe bei der Stellenbesetzung!

Der ist es – aber der will nicht

Ein Dax-Unternehmen braucht dringend einen neuen Head of Finance. Der Personalberater wird schnell fündig, es folgen mehrere Präsentationsrunden mit den vielversprechendsten Kandidaten. Und der Auftraggeber hat in kürzester Zeit seinen absoluten Favoriten gewählt: Herr Gruber – der ist es! Garantiert! Dieser Eindruck verfestigt sich nach dem persönlichen Interview beim Auftraggeber: Das ist der Problemlöser der Wahl und er passt perfekt zum Unternehmen und zu dessen Kultur. Und wie es scheint, beruht die Sympathie auch auf Gegenseitigkeit.

Die Vertragsverhandlungen laufen vergleichsweise reibungslos, in Windeseile werden die Vertragsentwürfe ausgefertigt. Und dann passiert etwas, womit keiner gerechnet hat: Herr Gruber macht im letzten Moment einen Rückzieher. In den Augen des Auftraggebers eine absolute Katastrophe! Der Personalberater legt sich natürlich noch einmal richtig ins Zeug, sucht mehrfach das Gespräch mit dem Kandidaten. Doch Herrn Grubers Entschluss steht fest. Schade, aber da kann man leider nichts machen.

Jetzt muss also schnellstens »Ersatz« her. Und der Personalberater weiß genau: Das wird ein extrem schwieriges Unterfangen, denn der Maßstab des Auftraggebers wird für jeden neuen Kandidaten natürlich der bedauerlicherweise verloren gegangene Wunschkandidat Gruber sein – und der lässt sich eben nicht eins zu eins reproduzieren.

Diesen Fall gibt es oft: Ein Entscheider »verliebt« sich regelrecht in einen speziellen Kandidaten – doch der springt aus irgendeinem Grund ab. Welche Gründe können das sein? Es mag sein, dass der eine oder andere gar kein echtes Interesse an der Stelle hatte, sondern die Gunst der Stunde nutzen wollte, um aus reiner Eitelkeit seinen Marktwert zu testen oder um wie im Modegeschäft aus reiner Neugierde einen Blick zu riskieren nach der Devise: »Ich suche nichts Bestimmtes, ich schau mich nur mal um …« Was nach meiner Erfahrung ebenfalls regelmäßig vorkommt: Trotz anfänglicher Beteuerungen, der Lebenspartner stehe voll und ganz hinter der Idee, hängt am Ende der Haussegen dermaßen schief, dass der Kandidat klein beigibt. »Nach reiflicher Überlegung habe ich mich nun doch dagegen entschieden …«, heißt es dann – natürlich mit Betonung auf *ich*.

Egal aus welchem Grund der Kandidat einen Rückzieher macht, die Effekte sind identisch: Die Stelle bleibt erst einmal unbesetzt und die Suche nach geeigneten Kandidaten muss in vielen Fällen noch einmal ganz von vorne beginnen, vor allem wenn der Wunschkandidat so spät im Besetzungsprozess einen Rückzieher macht, was in meinen Augen übrigens nicht gerade die feine Art ist. Aber es kommt eben vor und damit muss man umgehen.

Aber welcher Kandidat könnte diesem Perfect Fit doch noch das Wasser reichen? Der Personalberater muss in solchen Situationen oftmals schwere Geschütze auffahren, um den Auftraggeber von einem anderen, ebenso hervorragend geeigneten Kandidaten zu überzeugen. Das klappt erfahrungsgemäß mal mehr, mal weniger gut. Natürlich ist es für den Auftraggeber ärgerlich, wenn der vermeintlich perfekte Kandidat sich im letzten Moment gegen den Jobwechsel entscheidet, doch das ist schließlich sein gutes Recht. Letzten Endes hilft weder Lamentieren (»So einen finden wir *nie* wieder, der war so toll!«) noch Wunschdenken (»Fragen Sie ihn bitte noch einmal, vielleicht überlegt er es sich doch anders!«): Die Ballkönigin hat das Fest verlassen, ihr hinterherzutrauern macht die Situation nicht besser. Ebenso wenig ist es zielführend, jeden neuen Interessenten mit diesem einen, vermeintlich perfekten Kandidaten zu vergleichen.

Wichtig ist der Blick nach vorne – ohne rosarote Brille. Denn andere Kandidaten haben ebenfalls erstklassige Lebensläufe, Werdegänge, Fähigkeiten und Fertigkeiten. Und die Chemie wird auch wieder stimmen. Also, nur nicht verzagen, sondern sich unvoreingenommen weiteren Interessenten widmen!

Zalando-Effekt: Gibt's den auch eine Nummer größer?

In der Wollmilchsau GmbH werden kunstvolle Keramikfiguren gefertigt, die im ganzen Land heiß begehrt sind. Jeder weiß: Es gibt nur eine begrenzte Stückzahl und von überallher reisen die Kunden an und reißen sich um die wenigen Termine, um sich die besten handverlesenen Keramikfiguren zu sichern. Die Figuren ähneln sich in ihren Grundzügen, doch die Details sind einzigartig, wie etwa Farbnuancen oder andere charakteristische Merkmale. Jedes ist ein Unikat.

Ein Kunde betritt den Laden und beschreibt dem Mitarbeiter genau, welche Art von Keramikfigur er sich wünscht: Form, Farbe, Größe und so weiter. Die meisten Kunden bringen einen ganzen Katalog an Anforderungen mit, welche die Figur idealerweise erfüllen soll.

Der Verkäufer sieht in der Datenbank nach und stellt die seiner Meinung nach passenden Figuren auf ein Fließband. Er erklärt dem Kunden: »Wie Sie wissen, gibt es nur eine begrenzte Anzahl an idealen Figuren. In Ihrem Fall sind es zehn, die meiner Meinung nach am besten passen. Ich schalte jetzt das Fließband ein. Die Figuren fahren nacheinander ein einziges Mal an Ihnen vorbei und verschwinden danach hinter dem Vorhang. Wenn Sie die richtige für sich entdecken, rufen Sie bitte laut: ›Die ist es!‹ Dann hält das Fließband sofort an. Klar soweit?« – »Ja, alles klar«, beteuert der Kunde.

Der Verkäufer ergänzt: »Bevor wir anfangen noch ein wichtiger Hinweis: In den Räumen nebenan sind noch weitere Interessenten, die sich eine ähnliche Figur wünschen wie Sie. Alle Figuren, die Sie nicht auswählen, stehen dann den anderen zur Auswahl. Wählen Sie also mit Bedacht, denn wenn Sie sich später umentscheiden wollen, ist Ihre Lieblingsfigur vielleicht schon weg. Sie müssen also schnell und entschlossen handeln!« Der Kunde beteuert auch diesmal: »Kein Problem, ich weiß ja, was ich will.«

Das Fließband startet und die erste Figur zieht an dem Interessenten vorüber, der sie genau unter die Lupe nimmt. Er hakt auf seinem Anforderungskatalog die entsprechenden Merkmale ab.

»Wow, die ist eigentlich perfekt. Fast genauso habe ich sie mir vorgestellt. Der Verkäufer hat echt Ahnung!«, staunt der Kunde. »Aber wenn die Erste schon so toll ist, wird ja vermutlich noch etwas Besseres, noch Passenderes kommen. Ich warte besser ab, sonst entgeht mir noch etwas!« – und schon ist die Keramikfigur hinter dem Vorhang verschwunden, auf ihrem Weg zum nächsten Interessenten, der gespannt auf »seine« ideale Figur wartet.

Der Kunde ist zögerlich, lässt auch die zweite Figur vorbeifahren – die Farbnuance passt nicht hundertprozentig. Die dritte, vierte, fünfte Figur zieht ebenfalls an ihm vorbei, die Details sind nicht ganz richtig. So geht es weiter, bis die letzte Figur um die Kurve fährt.

»Also nein, wirklich nicht!«, empört sich der Kunde. »*Die* passt aber nun gar nicht zu meinen Vorstellungen! Wissen Sie was? Die Erste, die mit dem schönen Blauton – die hätte ich nun doch gerne.« – »Tut mir leid«, bedauert der Verkäufer. »Sie hatten Ihre Chance. Ein anderer Kunde hat sich diese Figur vom Fleck weg geschnappt.«

Unternehmen verfolgen in der Regel ähnlich hochgesteckte Ziele bezüglich der infrage kommenden Personen: Der Kandidat sollte zumindest über einschlägige Erfahrungen verfügen, aus der Branche stammen, die gleiche Aufgabe schon einmal erfolgreich bewältigt haben, den Gewinn steigern, die Kosten senken, Innovationen vorantreiben, manchmal gleich die ganze Firma retten und auf jeden Fall kommunikationsstark und parkettsicher sein – und natürlich nicht zu viel kosten.

Weitere Mindestanforderungen an die eierlegende Wollmilchsau alias »der Bewerber« sind auszugsweise: überdurchschnittliche Auffassungsgabe, Eigenständigkeit und Flexibilität, hohe Teamfähigkeit mit großer Sozialkompetenz, exzellente analytische, konzeptionelle und kommunikative Fähigkeiten, nachweisbare Lösungsorientierung, starke Kundenorientierung, hohes Verhandlungsgeschick, exzellente Sprachkenntnisse in Deutsch, Englisch, Französisch und Spanisch, natürlich in Wort und Schrift – am liebsten auch noch Russisch, Kantonesisch und Suaheli –, Kenntnis aller relevanten Hard- und Software aus dem Effeff, uneingeschränkte Reisebereitschaft … Ach ja, und auf *jeden Fall* und wirklich immer »hands-on«!

Und wird genau ein solcher Heilsbringer dem Unternehmen präsentiert, heißt es nicht selten: Kennt der sich denn *wirklich* mit Atomkraftwerken und Fluid-Dynamics-Rechnung aus und gibt's den auch 'ne Nummer größer? Nein, natürlich nicht! Denn selbst die pfiffigsten Headhunter können keine Mitarbeiter backen, die alle nur erdenklichen Ansprüche erfüllen.

Ich finde es immer wieder erstaunlich, was sich Unternehmen von potenziellen Kandidaten wünschen – und das ist meist nur die Spitze des Eisbergs, was sich Auftraggeber alles einfallen lassen. Die Liste mit Anforderungen ist lang, länger, am längsten – und wird oft von Leuten formuliert, die selbst nur einen Bruchteil dessen abdecken, was sie da fordern. Und doch ist und bleibt sie in vielen Fällen beliebig und wenig konkret (siehe Kapitel 2, »*Gemeinsamer Startschuss: Von Anforderungen und Voraussetzungen*«).

Was offenbar vielen Auftraggebern nicht klar ist: Unrealistische Stellenbeschreibungen haben negative Effekte, und das in mehrfacher Hinsicht. Zum einen stellen sie unbegründet zu hohe Anforderungen, die schlichtweg nicht zum wahren Anforderungsprofil passen. Zum anderen schüchtert eine derartige Batterie an nötigen Fähigkeiten, Fertigkeiten und Qualifikationen so manchen vielversprechenden Kandidaten unnötig ein, sodass er von vornherein abwinkt und ein Gespräch mit dem Unternehmen ablehnt, obwohl er eigentlich ein idealer Problemlöser wäre.

Doch das ist etwas, das ich in die Köpfe vieler Auftraggeber nicht hineinbekomme. Da hilft auch keine Diskussion, sie beharren auf ihrer ellenlangen Liste mit Soft Skills. Zum Glück zählen im Such- und Auswahlprozess vor allen Dingen die Hard Skills und die meisten von den Auftraggebern sehr allgemein formulierten Soft Skills bringen die geeigneten Kandidaten ohnehin von Haus aus mit. Das versteht sich bei manchen Anforderungen wie bereits ausgeführt von selbst. Das heißt, allein durch die Soft-Skill-Anforderungen disqualifiziert sich meiner Erfahrung nach erst einmal kein fähiger Kandidat.

Nagende Zweifel

»Volltreffer, und das gleich im ersten Anlauf!«, freut sich der Personalberater insgeheim. Denn schon der allererste Kandidat, den er dem Auftraggeber präsentiert, scheint in fast jeder Hinsicht hervorragend qualifiziert. Die Gesprächspartner sind sich sympathisch und werden sich vom Fleck weg einig. Im Grunde steht der erfolgreichen Vertragsunterzeichnung fast nichts mehr im Wege. Tja, wenn das Wörtchen »fast« nicht wäre und der Lieblingskandidat nicht gerade der Erste auf der Liste.

Beim Entscheider melden sich leise Zweifel: »Kann ich den ›Erstbesten‹ wirklich einfach so nehmen? Was, wenn es noch geeignetere Kandidaten gibt? Muss man sich nicht erst noch mal umschauen?« Er gibt seinen Zweifeln nach und lässt ihn warten. Er möchte sich erst noch die anderen Kandidaten ansehen. Nur zur Sicherheit, versteht sich. Selbst von den guten Argumenten des Personalberaters lässt er sich nicht umstimmen.

Günstiges Timing und ein gutes Bauchgefühl, gepaart mit der langjährigen Expertise des Personalberaters, fallen leider oftmals plötzlich auftretender, aber vollkommen unbegründeter Verunsicherung zum Opfer. In der Folge bleibt ein vielversprechender Kandidat »auf Halde«, um ihn, sollte sich im weiteren Verlauf des Such- und Auswahlprozesses nichts Besseres finden, wieder reaktivieren zu können. Doch bis eine endgültige Entscheidung fällt, hat dieser erste Kandidat schon eine dicke Staubschicht angesetzt und ist mit Spinnweben übersät, so lange geht es mitunter hin und her. Kein Wunder, dass Spitzenkandidaten von einem solchen Gebaren »not amused« sind, ganz und gar nicht.

Stellen Sie sich einmal vor, Sie treffen Ihren Traummann oder Ihre Traumfrau. Sie verbringen einen wundervollen Abend miteinander, die Chemie stimmt, die Luft knistert, der Funke springt über, die Schmetterlinge im Bauch flattern – das volle Programm und noch viel mehr. Bei der Verabschiedung heißt es: »Ich melde mich bald, versprochen!« Nach diesem unvergesslichen Abend melden Sie sich aber erst ein Vierteljahr später wieder bei der oder dem Angebeteten. Sie haben in der Zwischenzeit niemanden kennen gelernt, der ihr oder ihm das Wasser reichen könnte, und der gemeinsame Abend ist für Sie immer noch präsent, als sei es erst gestern gewesen. Das muss Liebe sein!

Was glauben Sie, wie hoch ist die Wahrscheinlichkeit, dass Sie Ihren »zwischengeparkten« Wunschpartner für sich gewinnen können und das Ganze in eine glückliche Ehe mündet, wenn Sie sich erst nach so vielen Monaten wieder melden? Es ist ja – mal abgesehen von der etwas längeren Wartezeit – nichts Schlimmes vorgefallen, es wurden keine Fehler gemacht. Oder doch? Ich würde behaupten, Ihre Chancen stehen eher schlecht … Auch Entscheider sind sich ihrer Sache zu oft sicher. Sie meinen, den Kandidaten in der Tasche zu haben, dabei ist genau das Gegenteil der Fall.

Die Qual der Wahl

Nicht selten lehnen Auftraggeber, womöglich aus Prinzip, die ersten Kandidaten kategorisch ab – und das sogar, ohne sie überhaupt persönlich kennen gelernt zu haben. Sie treffen ihre Auswahl bereits auf dem Papier, obwohl der Personalberater sich die Mühe macht, die Fähigkeiten und Eigenschaften des Interessenten wortreich zu präsentieren. Sie mögen der Expertise des Personalberaters nicht so recht vertrauen, zumindest nicht genug, um ein oder zwei Stunden in das Vorstellungsgespräch zu investieren. Der Headhunter wird jedoch triftige Gründe haben, warum die betreffende Person es auf die Shortlist geschafft hat. Also, warum so negativ?

Vielfach ist der Grund für die kategorische Ablehnung schlichtweg, dass der Kandidat auf den ersten Blick nicht zum Unternehmen oder besser gesagt zur Unternehmenskultur passt, weil er zum Beispiel aus einer anderen Branche kommt. Mehr zum Thema »Stallgeruch« und was diese Einstellung an Problemen mit sich bringt, erfahren Sie in Kapitel 4, »*Die geklonte Führungselite: Dolly lässt grüßen*«. Immer wieder begegnet mir diese Skepsis, doch zum Glück lassen sich auch viele Auftraggeber zu einem Interview überreden und in dessen Verlauf manchmal sogar vom Gegenteil überzeugen.

Doch wie geht man am besten bei einer Auswahl vor? Wonach könnten sich die Entscheider im Unternehmen richten? Eine mathematische Antwort auf diese Fragen bietet *Der Mathematik-Verführer*. Darin erklärt der Autor anhand der zwischenmenschlichen Partnerwahl die mathematische Lösung für »das Problem, eine optimale Auswahl aus einer bestimmten Menge von Bewerbern zu treffen, wobei einige, die Künftigen, allerdings nicht bekannt sind«.[15] Nichts anderes muss ein Entscheider tun, dem der ideale Kandidat abgesprungen ist beziehungsweise dem nacheinander Interessenten vorgestellt werden, die er bislang noch nicht kennt.

Die Lösung ist – zumindest hinsichtlich der mathematischen Wahrscheinlichkeit – denkbar einfach: Die optimale Lösung wäre demnach, bei zehn potenziellen Kandidaten die ersten drei unabhängig von ihrer Qualifikation und Passgenauigkeit prinzipiell abzulehnen und danach bei dem nächsten Kandidaten zuzuschlagen, der mehr zu bieten hat als die drei Vorgänger. Ich muss ehrlich zugeben: In so manchem Fall wäre mir eine solch nüchtern-mathematische Entscheidungsfindung nach dem statistischen Optimum lieber als das ewige Herumeiern und Jammern, weil der »Lieblingskandidat« nun nicht mehr verfügbar ist. Das hat wenigstens System.

Entscheider zeigen meiner Meinung nach aber auch wahre Führungsstärke, indem sie Vertrauen in ihre Intuition sowie in die Erfahrung des Beraters haben, einen günstigen Augenblick erkennen und nutzen, die passende Konstellation erkennen und nicht alles bis ins letzte Detail hinterfragen und zerreden. Meine Empfehlung lautet daher: Wenn man das Gefühl hat, dass der erste Kandidat ein absoluter Volltreffer ist, heißt es zugreifen, und zwar ohne Wenn und Aber.

Denn die Alternative wäre: Der Auftraggeber zögert unnötig lange und trauert irrwitzigerweise schon im Vorfeld all jenen Kandidaten hinterher, die er bisher noch gar nicht kennen gelernt hat – und vielleicht auch niemals kennen lernen wird! Demzufolge wird der erste Kandidat zugunsten einer Illusion, dem Wunsch nach einem potenziell besseren Fit, auf der Wartebank geparkt. Oft genug folgt darauf die große Enttäuschung, da es für das betreffende Unternehmen gar keinen Besseren zu finden gibt und der erste Kandidat unübertroffen bleibt. Tja, leider Pech gehabt! Denn dieser Kandidat ist mit hoher Wahrscheinlichkeit unwiederbringlich verloren, so sehr die Entscheider im Nachhinein ihre Unentschlossenheit und ihre Zögerlichkeit bereuen und am liebsten die Zeit zurückdrehen würden.

Die Hoffnung auf das ewig Bessere

Ich wiederhole es gerne noch einmal, weil es in vielerlei Hinsicht so immens wichtig ist: Im Besetzungsprozess sind Schnelligkeit und Entscheidungsfreude Trumpf! Denn vielversprechende Kandidaten sind sicherlich nicht nur einem einzigen Unternehmen aufgefallen, sondern üblicherweise heiß begehrt und in den meisten Fällen auch noch rar gesät. Da heißt es blitzschnell zugreifen! Unentschlossenheit, Zögern, die Hoffnung auf das ewig »Bessere«, das alles Vorhergehende toppen soll – all das ist hinderlich bei der erfolgreichen Stellenbesetzung mit dem idealen Kandidaten.

Wenn Sie auf eine Dartscheibe zielen und voll ins Schwarze treffen, fragen Sie dann, ob Sie noch ein paar Mal werfen dürfen – nur für den Fall, dass es noch besser wird? Mit Sicherheit nicht, denn Sie haben schon das bestmögliche Ergebnis erzielt und ein zweiter Spicker passt ohnehin nicht in die Mitte der Zielscheibe. Die ist schließlich schon besetzt!

Im Besetzungsprozess in Unternehmen erlebe ich solches Verhalten aber regelmäßig. Noch dazu häufig in Firmen, die ohnehin mit einem wenig attraktiven Standort oder anderen Nachteilen in den War for Talents einsteigen. Da gibt es dann oftmals genau einen Interessenten für die Position und als »Überzeugungstäter« wäre er ideal: Er mag das Unternehmen, den Standort, die Region und die Aufgabe. Qualifiziert ist er natürlich sowieso. Und doch fällt keine Entscheidung, sondern der Kandidat soll erst einmal »auf Halde« und der Personalberater soll noch einmal auf die Suche gehen. Das ist so, als würden die Unternehmen nach einem Volltreffer weitere Dartpfeile werfen – und sich allen Ernstes wundern, dass sie das Bullseye nicht mehr treffen.

Warum lassen sich Firmen die ideale Besetzung durch die Lappen gehen? Ich kann in solchen Situationen nur den Kopf schütteln, denn mit Argumenten ist meist nichts auszurichten. Diese Austauschmentalität nimmt immer mehr zu und manchmal scheint es so, als wollten die Unternehmen ihre Führungskräfte am liebsten bestellen und über Nacht geliefert bekommen – natürlich mit vollem Rückgaberecht und Geld-zurück-Garantie. Doch Personalbeschaffung ist kein Online-Shop! Das Amazon-Prime-Prinzip lässt grüßen (siehe Kapitel 1, »Wer dem Headhunter Konkurrenz macht«).

Überzogene Erwartungen

Ein etablierter Möbelhersteller wird von einer Private-Equity-Gesellschaft übernommen. Diese möchte neben einem neuen CEO einen Head of Restructuring einsetzen, der nicht nur seinen Job fachlich beherrscht, sondern darüber hinaus schnell und effektiv einen Turnaround schaffen und die großen Herausforderungen meistern kann, denen das Unternehmen gegenübersteht: Die Konkurrenz im Internet wird übermächtig, immer mehr neue Player tauchen auf, die dem alteingesessenen Unternehmen die Kunden abspenstig machen.

Der neue CEO ist schnell mithilfe einer Personalberatung gefunden und der derzeitige HR-Chef wird mit der Auswahl des Kandidaten für die zu vergebende Position als Head of Restructuring betraut. Die Suche soll schnellstmöglich starten, die Zeit drängt.

Das größte Problem, das der Personalberater nach dem ersten Gespräch mit dem Entscheider sieht, ist: Für diese Aufgaben bräuchte das Unternehmen einen absoluten Weltklasse-Manager. Doch solche fähigen Leute gibt es erstens nur in geringer Stückzahl und zweitens steht dieses vergleichsweise unscheinbare Unternehmen mit vielen anderen im Wettbewerb um die aussichtsreichsten Kandidaten. Das könnte knifflig werden.

Der enge Markt macht dem Personalberater hingegen keinerlei Kopfzerbrechen, da die Branche für die zu besetzende Position zweitrangig ist – wenn überhaupt. Der Headhunter macht sich motiviert ans Werk und liefert nach einigen Wochen vielversprechende Ergebnisse. Er präsentiert dem Personalverantwortlichen die Profile der aussichtsreichsten Kandidaten.

Doch dann knirscht es unerwartet im Prozess. Jeden einzelnen Kandidaten für diese Position lehnt der HR-Chef lapidar ab: »Nein, den nicht. Ich möchte einen anderen.« Weitere Runden werden gedreht, keiner der Interessenten passt dem Personalverantwortlichen. Alle Einwände hinsichtlich der hohen Qualifikation der Kandidaten seitens des Personalberaters laufen ins Leere. Wie sich erst jetzt herausstellt, hat der HR-Chef einen bestimmten Typ im Auge: »Einen, der sich mit Möbeln auskennt. So einen brauchen wir hier!« Der Auftraggeber will nicht von seiner festgefahrenen Vorstellung von »den Besten« abweichen, die nach seinem Dafürhalten nur aus der eigenen Branche kommen können. Da ist nichts zu machen – solange der HR-Chef auf seinem Posten sitzt und den Prozess durch seine Engstirnigkeit ausbremst.

Als die Private-Equity-Gesellschaft davon Wind bekommt, ist aber sehr schnell klar, wer bei dem Möbelhersteller als Nächstes seinen Hut nehmen muss. Danach klappt es auch endlich mit dem neuen Head of Restructuring: ein Branchenfremder, der mit unverstelltem Blick die Probleme des Unternehmens angehen und es wieder wettbewerbsfähig machen kann.

Ganz egal wie anspruchsvoll die Anforderungen sind, Auftraggeber erwarten in der Regel von einem Personalberater immer eine reichliche Auswahl. Kommen zu dieser Ausgangssituation weitere ungünstige Faktoren hinzu, etwa ein wenig familienfreundlicher Standort oder ein Firmensitz auf dem Land, langwierige interne Entscheidungsprozesse, weil die Rollen nicht klar verteilt sind und jeder seine eigene geheime Agenda verfolgt oder weil die Selbstwahrnehmung des Auftraggebers und die Fremdwahrnehmung hinsichtlich Attraktivität, Image oder Ähnlichem stark abweichen, ist es für Personalberater extrem schwierig, passende Kandidaten in ausreichender »Stückzahl« zu liefern, damit der Kunde seine gewünschte Auswahl bekommt. Nicht selten muss man in solchen Fällen froh sein, wenn sich überhaupt eine Handvoll Interessenten ausfindig machen lassen – manchmal steht auf der Liste auch nur ein einziges Profil.

Oft wissen Personalberater dann haargenau: Die vorgestellten Kandidaten sind ideal für das spezielle Unternehmen. Wenn aber die Entscheider nach den absolut Weltbesten streben und nicht einsehen, dass die Firma für diese nicht attraktiv genug ist, ihnen nicht das Gewünschte bieten kann oder sie ohnehin einen ganz anderen Problemlöser bräuchte, bleibt der zu besetzende Stuhl vermutlich leer. Alles, was ein Headhunter tun kann, ist, exzellent zu recherchieren und sich für den idealen Kandidaten ins Zeug zu legen.

Dabei möchte ich betonen: Mitarbeiter und Führungskräfte – egal auf welcher Hierarchieebene – sind keine Ware. Man kann sie nicht bestellen und bei Nichtgefallen zurückschicken oder in einer anderen Farbe und Größe anfordern. Man kann sie auch nicht backen und je nach Gusto die Rezeptur im Nachhinein abwandeln. Das ist schlichtweg unmöglich. Oder können Sie etwa aus einem gelungenen Marmorkuchen im Handumdrehen eine Zitronentarte zaubern, nur weil die Großtante es sich anders überlegt hat und nun doch lieber etwas Spritzig-Fruchtiges statt einer traditionellen Nachspeise essen möchte? Ich kann es jedenfalls nicht. Was ich damit sagen will: Jeder Kandidat ist einzigartig. Und jeder Kandidat ist ein Mensch, den man mit Respekt behandeln sollte. Doch nicht jeder Entscheider tut das.

Auf dem hohen Ross

Herr Siewert betritt den lichtdurchfluteten Konferenzraum. Bis vor ein paar Minuten war er eigentlich gar nicht nervös. Das ändert sich nun schlagartig. Als er auf die ernst dreinschauenden Entscheider zugeht, fühlt er ihre Blicke auf sich. »Warum starren die mich alle an? Und warum sind das überhaupt fünf Leute? Bisschen übertrieben, so ein Aufmarsch ...«, denkt er.

Die »Inquisition« beginnt. Wie Maschinengewehrfeuer prasseln von allen Seiten Fragen auf den Kandidaten nieder: »Warum sind ausgerechnet Sie die richtige Wahl für den Job?«, »Nennen Sie uns Ihre größten Schwächen«, »In welchen Situationen sind Sie auf ganzer Linie gescheitert?« Herr Siewert fühlt sich, als stünde er wegen unaussprechlicher Scheußlichkeiten am Pranger und müsse nun Rechenschaft ablegen. Das hat er sich ganz anders vorgestellt, mehr wie ein offenes Gespräch, weniger wie eine klassische Bewerbungssituation, die er aus seinen Anfangsjahren kennt. Zum krönenden Abschluss eröffnen die Entscheider, dass er – genau wie alle anderen Kandidaten – gleich noch einen Eignungstest absolvieren soll.

»Geht's noch?!«, denkt sich Herr Siewert – und seine Empörung scheint zumindest dem Personalberater aufgefallen zu sein. In einem kurzen Gespräch unter vier Augen bittet der Headhunter ihn, gute Miene zum bösen Spiel zu machen und den Eignungstest zu absolvieren. Der sei für ihn doch ein Klacks. Widerwillig stimmt Herr Siewert zu.

Auch das erlebe ich häufig in einer der kritischsten Phasen des Besetzungsprozesses: Dem Kandidaten wird im Interview das Gefühl vermittelt, er sei ein Bittsteller, der auf das Wohlwollen der Entscheider angewiesen ist – schlimmer als in so mancher klassischen Bewerbungssituation. Die Entscheider geben sich arrogant, behandeln die Interessenten von oben herab, oder – eigentlich noch dreister – der wahre Häuptling und Entscheider schneit nur »mal eben kurz« herein, bevor er in ein »wichtiges Meeting« muss, oder stößt ganz selbstverständlich erst eine Viertelstunde verspätet hinzu und bringt dadurch unnötig Unruhe in die Gesprächssituation.

Das ist alles andere als eine wertschätzende Begegnung. Fragen wie »Warum sollten wir uns denn *ausgerechnet* für Sie entscheiden?« oder »Was können Sie für uns leisten?« sind in dieser Konstellation ebenfalls mehr als unglücklich. Hier sind die Entscheider vollkommen der Illusion verfallen, die Kandidaten müssten dankbar und froh sein, dass sie für den Job überhaupt in Betracht gezogen werden. Dabei ist genau das Gegenteil der Fall! Das Unternehmen sollte sich glücklich schätzen, dass so viele tolle Kandidaten Interesse an einem erst einmal unverbindlichen Kennenlernen haben.

Wer »die Besten« will, muss sie auch besonders gut behandeln. Und das fängt schon bei der Begrüßung im Unternehmen, spätestens aber beim Interview an. Nach wie vor haben meiner Ansicht nach nicht alle Firmen realisiert, dass sie im Besetzungsprozess oft am kürzeren Hebel sitzen – jedenfalls im stürmischen Wettbewerb um die Toptalente. Wie schon gesagt: Der Kandidat ist nicht auf den Job in diesem Unternehmen angewiesen, denn er hat ja bereits eine gut bezahlte Stelle. Außerdem ist es derzeit ein Kandidatenmarkt – zumindest bis zur nächsten großen Wirtschaftskrise –, und wenn der Interessent ein Spitzenkandidat ist, stehen sicherlich auch die Konkurrenten bei ihm Schlange.

Auf der anderen Seite soll das nicht heißen, dass Entscheider vor den Kandidaten im Staub kriechen und jede noch so absurde Forderung erfüllen müssen. Diese Erwartungshaltung begegnet mir leider auch auf Kandidatenseite immer häufiger. Doch wem der Ruf vorauseilt, er sei »arrogant«, »schwer zufriedenzustellen« oder »zu fordernd«, braucht sich nicht zu wundern, wenn die wirklich attraktiven Jobangebote für Spitzenpositionen ausbleiben. Wer holt sich schon gerne einen notorischen Egomanen und Meckerer ins Haus? Oder eine hyperempfindliche Mimose, für die vielleicht eine Geschäftsreise pro Woche schon viel zu viel ist?

Wie immer ist der goldene Mittelweg ideal. Ich plädiere stets für ein offenes, gleichberechtigtes Gespräch. Die Unternehmen sollten ihren Kandidaten den gebührenden Respekt und Wertschätzung entgegenbringen und für die Firma und die offene Position in angemessener Weise werben. Wer glaubwürdig vermitteln kann, warum er ein attraktiver Arbeitgeber ist, liefert dem Interessenten gute Gründe für einen Wechsel. Der Personalberater kann den Entscheidern in dieser Hinsicht gute Hinweise geben. Denn durch den Suchprozess ist er in der Lage, ihnen Feedback zu ihrer Außenwirkung zu geben, und weiß, worauf der jeweilige Kandidat mit hoher Wahrscheinlichkeit anspringt, also auf welche Dinge er besonderen Wert legt.

Und die Kandidaten sollten ihrerseits keinen Höhenflug bekommen, nur weil sie für eine hohe Position in der engeren Auswahl stehen. Das berechtigt sie noch lange nicht zu Hochmut oder noch schlimmer: Übermut. Meine Devise lautet daher: Immer schön auf dem Teppich bleiben.

Aber mehr darf es auf keinen Fall kosten!

Für ein börsennotiertes Technologieunternehmen wird ein Finanzchef gesucht. Für das Jahresnettogehalt gibt es ein vorgeschriebenes Limit: Mehr als 350 000 Euro im Jahr darf der Neue nicht verlangen. Das Research-Team des Personalberaters stellt allerdings nach einer Marktanalyse anhand des Anforderungsprofils recht schnell fest: Die Gehaltsvorgabe des Unternehmens ist viel zu niedrig, um vielversprechende Problemlöser aus der Reserve zu locken. Die wirklich geeigneten Kandidaten verdienen jetzt schon fast doppelt so viel – und um sie zu einem Wechsel zu bewegen, wird der Auftraggeber vermutlich noch eine ordentliche Schippe obendrauf legen müssen.

Der Personalberater trägt seine Bedenken beim Aufsichtsrat vor: »Mit diesem Jahresgehalt müssten wir eigentlich ein paar Ebenen weiter unten bei der Suche ansetzen. Aber ich versichere Ihnen: Das sind garantiert nicht die Leute, die Sie wirklich brauchen. Damit tun Sie sich keinen Gefallen. Legen Sie lieber beim Jahresgehalt was drauf, dann bekommen Sie die richtigen Leute!« Sonst wäre der neu eingestellte Finanzchef womöglich mit seinen Aufgaben überfordert. Eigentlich ein aufstrebendes Talent, für die Gehaltsstufe absolute Spitze, nur für die konkrete Aufgabe in dem Konzern fehlte ihm noch etwas Erfahrung. Für den jungen Finanzchef hieße das: gescheit, gescheiter, gescheitert. Und für das Unternehmen: »Back to square one« – so schnell wie möglich zurück auf Anfang.

Doch die Entscheider wollen nicht von der Vorgabe abrücken. Dem Personalberater bleibt keine andere Wahl: Er beugt sich dem Entschluss und weist sein Research-Team an, die Suche entsprechend nach unten anzupassen.

Es ist immer wieder die gleiche Leier: Entscheider im Unternehmen rechnen bei der Besetzung von vornherein mit spitzem Bleistift, um Kosten zu sparen. Und berechnen lässt sich im Grunde ja so ziemlich alles. Mit dem passenden Instrument können Sie für x-beliebige Vorgänge passende Kennzahlen generieren. Doch in vielen Fällen führt die Zahlenhörigkeit in die falsche Richtung und damit am eigentlichen Ziel vorbei. Das gilt auch bei der Stellenbesetzung.

Nehmen wir als Beispiel die im Recruiting allseits beliebte Kennzahl »Cost per Hire«. Damit sollen vordergründig die Kosten für eine Neueinstellung transparent und vergleichbar gemacht werden. Dazu ermitteln die Verantwortlichen die direkten und indirekten Kosten aller Stellenbesetzungen und teilen diese Zahl durch die Anzahl der erfolgreichen Einstellungen. Nun wissen alle, wie viel Geld im Schnitt pro frisch eingestelltem Mitarbeiter oder Manager ausgegeben wurde. Man kann auch andere Dinge akribisch berechnen, wie etwa die Kosten, die pro Tag entstehen, wenn eine Stelle unbesetzt bleibt – das nennt sich dann im Fachchinesisch »Cost of Vacancy«.

Aber was bringt die ganze Zahlenakrobatik eigentlich? Meiner Meinung nach legen sich Unternehmen mit diesem Vorgehen in den meisten Fällen höchstens noch mehr Steine in den Weg. Sie bekommen aufgrund ihres Sparwahns nicht die passenden Führungskräfte – und sind am Ende allen Ernstes irritiert, dass »der Neue« nicht das liefert, was sie erwartet haben.

Was soll ich sagen: Ein Spitzenmanager arbeitet eben nur für Spitzenunternehmen, und zwar für ein Spitzengehalt. Da hilft es nichts, den Sparfuchs zu mimen. Ein Limit hinsichtlich des Jahresgehalts oder überhaupt der Vergütung im Vorfeld kann nicht die am besten geeigneten Kandidaten hervorbringen. Unternehmen, die nach dieser Maxime handeln, brauchen sich nicht zu wundern, dass sie so nicht die Besten der Besten der Besten – in ihrer Liga! – anziehen. Ebenso wenig bringt es umgekehrt etwas, einem mittelmäßigen Manager eine Finanzspritze zu verpassen und zu hoffen, dass diese Maßnahme ihn nun urplötzlich zu Spitzenleistungen veranlasst. Es ist vielmehr anzunehmen, dass er genau das bringt, was er kann. Nicht mehr und nicht weniger.

Das Paradoxe dabei: Obwohl die Unternehmen von ihren starren Gehaltsvorgaben nicht abweichen wollen, geben sie bei einer Fehlbesetzung gerne dem Personalberater die Schuld, weil er nicht die richtigen Kandidaten geliefert hat. Aber was hätte er denn machen sollen – den Differenzbetrag aus eigener Tasche drauflegen? Na, so weit kommt's noch!

Der Markt bestimmt den Preis

Immer wieder stelle ich fest, dass die Vorstellungen der Auftraggeberseite nicht stimmen, was ein Problemlöser aktuell wirklich kostet. Das bedeutet, der Marktpreis wird völlig falsch eingeschätzt, was verständlicherweise Auswirkungen auf das Suchergebnis hat. Mit einem Jahresgehalt von 200 000 Euro ins Rennen zu gehen, wenn in Wahrheit die idealen Kandidaten, die dem Unternehmen helfen könnten, im Schnitt mindestens 350 000 Euro verdienen, kann in mehrfacher Hinsicht nur schiefgehen. Versteht sich von selbst, oder? Daher ist es auch eine Aufgabe des Headhunters und seines Research-Teams, den Markt zu checken, auch hinsichtlich der Honorarfrage.

Eine halbwegs passende Einschätzung davon, wie hoch ein angemessenes Jahresnettogehalt ist, erhält man durch die Beantwortung folgender Fragen: In welcher Liga spielt das Unternehmen – und in welcher Liga spielen die idealen Kandidaten, also die Problemlöser? Und was kosten die so im Durchschnitt? Diese Informationen fördert die Marktanalyse zutage. Hier ergibt sich bei der Analyse in der Regel eine Normalverteilung – umgangssprachlich aufgrund ihres Aussehens auch Glockenkurve genannt: Es gibt ein Minimum ganz links mit dem geringsten Gehalt. Es gibt ein Maximum ganz rechts, welches das höchste ermittelte Gehalt repräsentiert. Dazwischen gibt es eine Häufung verschiedener Werte in der Mitte, sozusagen mit den üblichen Gehältern. So lässt sich auch der durchschnittliche Wert ermitteln.

Daran könnten sich die Entscheider bei ihrer Gehaltsfestlegung in der Folge orientieren. Und doch bestehen viele trotzig darauf, ihr viel zu niedriges Angebot durchzuboxen nach dem Motto: »Ich will aber …!«, schlimmstenfalls noch unterstützt durch Aussagen eines angloamerikanischen Grading-Unternehmens, das systematisiert und standardisiert festlegt, wie viel »man« auf dieser oder jener Position zu verdienen hat.[16] Wollen hilft ihnen nur nicht wirklich, denn auf diese Weise bekommen sie alles andere als den idealen Problemlöser.

Das ist wie beim Immobilienkauf: Der Käufer will immer weniger bezahlen, der Verkäufer immer mehr bekommen. Aber auch bei Immobilienpreisen gibt es eine Normalverteilung. Stellen Sie sich vor, Sie wollen sich in einer exklusiven Gegend, etwa im noblen Münchener Stadtteil Grünwald, ein schickes Eigenheim zulegen. Doch die hohen Preise gefallen Ihnen nicht, also fangen Sie an, mit dem Immobilienmakler zu diskutieren. Da Sie nicht mehrere Millionen dafür hinblättern wollen, lassen Sie das Argument vom Stapel: »Aber in Dresden gibt es doch auch Häuser für eine Million oder weniger. Sie müssen nur richtig suchen!« Zu Recht wird der Immobilienmakler daraufhin erwidern: »Mag ja sein, aber Grünwald ist nun mal nicht Dresden. Dafür kriegen Sie in dieser Gegend vermutlich noch nicht mal eine Gartenlaube.«

Die Verteilung ist marktgegeben und sie verändert sich auch mit dem Markt. Das heißt, die Preise sinken oder steigen je nach aktueller Marktlage – aber eine Verteilung der Preise gibt es immer. Diese ermittelt der Personalberater bei der Marktanalyse und spiegelt dem

Auftraggeber die aktuell marktübliche Gehaltsspanne. Nun kann das Unternehmen selbst auswählen, in welchem Bereich gesucht werden soll: unterdurchschnittliches, durchschnittliches oder überdurchschnittliches Jahresnettogehalt. Das ist sein gutes Recht. Was allerdings in meinen Augen illusorisch ist: Viele Auftraggeber wählen eine unterdurchschnittliche oder durchschnittliche Preiskategorie und wollen – ja, verlangen regelrecht – dafür überdurchschnittliche Spitzenleister.

Nehmen wir dafür ein bekanntes Alltagsbeispiel zum Vergleich: Sagen wir einmal, Sie wollen einen Gebrauchtwagen kaufen und sehen sich auf den einschlägigen Online-Portalen um. Anhand der dort gelisteten Preise wird schnell klar: Es gibt günstige und teure Autos, die zum Verkauf angeboten werden. Sie haben für den Autokauf nur ein kleines Budget, wollen aber trotzdem einen quasi fabrikneuen Wagen mit ganz wenig Kilometern auf dem Tacho, der komfortabelsten Ausstattung und jeder Menge Extras und technischem Schnickschnack – sozusagen puren Luxus zum Schnäppchenpreis. Eigentlich sollte spätestens hier der gesunde Menschenverstand einsetzen, denn so ein Angebot wird es nicht geben – und wenn doch, ist es mit hoher Wahrscheinlichkeit ein Fake! Gleiches gilt bei der Personalbeschaffung: Ein Lebenslauf, der zu schön ist, um wahr zu sein, ist mit hoher Wahrscheinlichkeit nicht ganz koscher.[17]

Einmal mehr stellt sich die entscheidende Frage: Welches ist das Ziel der Übung? Eine möglichst hohe Ersparnis oder eine ideale Problemlösung? Beides geht oft nicht, es ist eine Entweder-oder-Entscheidung, die das Unternehmen treffen muss. Wird am Gehalt gespart, können die Auftraggeber schlichtweg nicht erwarten, die Besten ihrer Zunft anzulocken. Das sind simple Marktmechanismen und daran ist nicht zu rütteln. Hier wünsche ich mir von Auftraggeberseite oftmals mehr Sinn für Realität.

Schon im Vorfeld extrem knapp zu kalkulieren und zu geizen greift letztlich zu kurz, denn eine falsche Entscheidung bei der Auswahl von Führungskräften kann am Ende das Unternehmen viel teurer zu stehen kommen als sämtliche andere Ausgaben bei der Rekrutierung. Die richtige Entscheidung kann dem Unternehmen hingegen unter Umständen in kürzester Zeit so viel Geld einspielen, dass die Führungskraft ihr Gehalt für die nächsten Jahre ausverdient hat. Also, lieber nicht am falschen Ende sparen!

Wenn sich ein Entscheider trotz allem an der Sparvariante festbeißt und Gehaltslimits festlegt, darf er sich nicht darüber wundern, dass er damit nicht die Crème de la Crème der Kandidaten in sein Unternehmen locken kann. Er sollte dann wenigstens zu seiner Entscheidung stehen und diejenigen Interessenten akzeptieren und willkommen heißen, die für weniger Geld zu einem Wechsel bereit sind, und gegebenenfalls Abstriche bei der Qualifikation oder Erfahrung ohne Murren hinnehmen. Er wollte es schließlich so.

Verhängnisvolle Geheimniskrämerei

Der neu eingesetzte Vorstandsvorsitzende eines börsennotierten Unternehmens bittet einen Personalberater, den er schon seit vielen Jahren kennt und schätzt, zu einem vertraulichen Gespräch. Unter dem Siegel der Verschwiegenheit eröffnet er ihm, dass seine Vorgänger in Betrügereien verwickelt waren. Von Bilanzmanipulationen sei die Rede, die Staatsanwaltschaft ermittle derzeit noch, insgesamt ein sehr heißes Pflaster und für das Unternehmen existenzbedrohend.

Um die Firma aus der Krise zu manövrieren, müssen dringend fähige, integre und vertrauenswürdige Spitzenkandidaten an Bord geholt werden, die es in dieser verzwickten Lage gemeinsam mit dem neuen Vorstand schaffen könnten, das Ruder herumzureißen. Milliardenumsätze und viele Tausend Existenzen von Mitarbeitern stehen auf dem Spiel, denn gelingt der Kurswechsel nicht schnell genug, geht das Unternehmen kläglich unter.

Diese heikle Information ist enorm wichtig für den Such- und Auswahlprozess, ja sogar kriegsentscheidend. Denn aufgrund dieses Wissens kann der Headhunter die potenziellen Kandidaten entsprechend den bevorstehenden Herausforderungen auswählen und briefen.

Es gibt noch eine Reihe weiterer »Kellerleichen«, die dem Personalberater selbst bei der besten Recherche im Vorfeld nicht auffallen können, von übergroßen Lagerbeständen über immense Personalkosten, rote Zahlen und drohende Insolvenzgefahr bis hin zu Korruption. Auch vermeintlich harmlose Tatsachen, etwa dass in einem Bereich die internen Prozesse bislang so fehlerhaft beziehungsweise stümperhaft gemanagt wurden, dass mittlerweile ein heilloses Durcheinander herrscht, das erst einmal jemand gründlich aufräumen muss, oder dass in einem Unternehmen ein Betriebsklima herrscht, in dem Intrigen und Gerüchte, gegenseitiges Anschwärzen und Kollegenneid an der Tagesordnung sind, sollten gleich am Anfang thematisiert werden. Doch nicht selten werden solche Tatsachen verschwiegen.

Damit der Personalberater seine Aufgabe richtig gut erfüllen kann, braucht er alle notwendigen Informationen zu der zu besetzenden Stelle, aber auch zum Unternehmen. Je genauer der Berater im Bilde ist, desto präziser laufen die Suche und der Auswahlprozess, da das Anforderungsprofil passgenau ist. Beschönigungen sind dabei ebenso wenig zielführend wie falsche Bescheidenheit.

Natürlich stellt ein erfahrener Personalberater im Briefing-Gespräch zu Beginn die wichtigen und richtigen Fragen. Und ja, manchmal ist die aufrichtige Beantwortung schmerzhaft für die Entscheider, weil sie sich Tatsachen stellen müssen, die sie unter Umständen lieber weiter ignoriert hätten. Doch der Headhunter muss den Finger in so manche Wunde legen, das ist unerlässlich. Nach dem Briefing sollte ein möglichst exaktes, realitätsgetreues Bild des Unternehmens und der zu besetzenden Position vorliegen.

Nur durch eine offene, ehrliche Kommunikation lässt sich die Basis dafür schaffen, dass die Stelle mit einem passenden Kandidaten besetzt wird, der das zugrunde liegende Problem mit hoher Wahrscheinlichkeit lösen kann. Nur dann kann der Headhunter einschätzen, welche Art von Problemlöser hier tatsächlich gebraucht wird. Und auch der Kandidat verdient es, über eventuelle Stolperfallen Bescheid zu wissen, *bevor* er gegebenenfalls seinen sicheren Job kündigt. Es wäre vom moralischen Standpunkt aus in meinen Augen verwerflich, etwa einen Familienvater mit zwei kleinen Kindern wissentlich in ein derartiges Himmelfahrtskommando zu schicken, wie ich es im obigen Beispiel skizziert habe. Denn wenn die Sache schiefgeht, steht womöglich die Existenzgrundlage seiner Familie auf dem Spiel. Es gibt hingegen sicherlich jede Menge Kandidaten, die sich genau über eine solche Herausforderung freuen, für sie ist das ein regelrechter Adrenalinkick: Kriegt man die Sache noch ins Positive gedreht, oder geht doch alles den Bach runter? Wichtig ist, dass sie von vornherein Bescheid wissen, worauf sie sich dabei einlassen.

Hand aufs Herz: Niemand kauft gerne die Katze im Sack. Also warum sollte es ein Kandidat tun? Wenn der Auftraggeber dem Headhunter gegenüber nicht offen und ehrlich ist, braucht er sich nicht zu wundern, wenn die Suche nur mittelmäßige oder unbrauchbare Ergebnisse liefert. Es ist kontraproduktiv, wenn Unternehmen im Vorfeld wichtige Informationen zu der ausgeschriebenen Position bewusst verschweigen oder wenn die Auftraggeber nicht in der Lage sind, ein realistisches Bild der aktuellen Situation zu zeichnen. Gut, manchmal lügen sich die Verantwortlichen auch selbst in die Tasche und reden sich so lange ein, dass alles dufte ist, bis sie es selbst glauben.

Sicherlich ist es schwer, sich und anderen beispielsweise eine drohende Insolvenz einzugestehen, aber für den Recruiting-Prozess ist es mehr als hilfreich. In dem Fall sucht der Personalberater ohne weitere Umwege die passenden Notärzte für das angeschlagene Unternehmen, denn gerade in solchen Situationen ist Eile geboten! Nur so besteht eine Chance, dass der ideale Problemlöser schnellstmöglich gefunden wird und ein erfahrener Restrukturierer die Unternehmenspleite doch noch abwenden kann.

Klar, Offenheit und Ehrlichkeit allein sind keine Erfolgsgaranten, aber sie sind meiner Meinung nach eine zwingende Voraussetzung für eine vertrauensvollen Zusammenarbeit zwischen Personalberater und Auftraggeber. Mit einem unzureichenden Briefing oder verschwiegenen Details fährt der Personalberater geradewegs auf eine Mauer zu – und weiß es noch nicht einmal! Das bringt absolut nichts und kostet den Auftraggeber unter dem Strich mehr als nur Zeit und Geld. Im schlimmsten Fall ruiniert er nicht nur seinen guten Ruf durch solche Aktionen, sondern viele Existenzen, die durch den Ruin der Firma mit in den Abgrund gezogen werden.

Im Kampf gegen Windmühlen

Ich habe in meiner langjährigen Laufbahn als Headhunter festgestellt: Längst nicht alle Unternehmen, die Personalberater engagieren, kennen sich mit den Mechanismen auf dem derzeitigen Kandidatenmarkt richtig gut aus. Nicht alle Unternehmen haben verinnerlicht, dass sie sich als potenzieller neuer Arbeitgeber entsprechend aufstellen und darstellen müssen, um in den Wettbewerb um die besten Kandidaten zu treten und dabei erfolgreich zu sein. Nicht alle Unternehmen verstehen, dass der Erfolg des Personalberaters letztlich davon abhängt, dass der Auftraggeber sich selbst und den Markt richtig einschätzt und darüber hinaus im Recruiting-Prozess partnerschaftlich mit ihm zusammenarbeitet. Doch all das sind Faktoren, die darüber entscheiden, ob und wie schnell sich eine offene Stelle mit einem passenden Kandidaten besetzen lässt.

Firmen haben, wie bereits mehrfach erwähnt, bei der Stellenbesetzung ein spezifisches Problem, das gelöst werden soll. Dennoch ist es nach wie vor gang und gäbe, diese individuelle Herausforderung mithilfe des Standardprozederes anzugehen. Das kann doch nur schiefgehen! Flexible Lösungen sind stattdessen gefragt, dazu zählen maßgeschneiderte Angebote ebenso wie ein Entgegenkommen in vielerlei Hinsicht.

Niemand verlangt, dass Unternehmen vor den Kandidaten im Staub kriechen und sich auf alle noch so abgefahrenen Forderungen einlassen. Irgendwo muss schon Schluss sein. Doch ich erlebe immer wieder auf Auftraggeberseite einen gewissen Anflug von Arroganz, der in einer solchen Situation in meinen Augen nicht angebracht ist. Vielversprechender ist es, ein Gespräch auf Augenhöhe zu führen, bei dem jeder seine Vorstellungen darlegen kann und man gemeinsam zu einem für alle Beteiligten dienlichen Kompromiss kommt. Und kommt dieser doch nicht zustande, können alle Beteiligten freundschaftlich wieder auseinandergehen. Man sieht sich im Leben schließlich immer zweimal, heißt es doch so schön – und in den Spitzenetagen der Wirtschaftswelt vermutlich noch häufiger.

Vielen Auftraggebern ist zudem nicht bewusst, wie viel Vorarbeit, Engagement und Einsatz hinter der Shortlist mit Kandidaten stecken, die der Personalberater ihnen vorlegt. Das Vorurteil, er habe ja »nur eben mal« in seiner Datenbank nachgesehen, hält sich hartnäckig. Doch erstens herrscht, wie Sie mittlerweile erfahren haben, in besonders speziellen Fällen auch in der besten Datenbank Ebbe und zweitens heißt das noch lange nicht, dass die Kandidaten aus der Datenbank überhaupt infrage kommen oder derzeit wechselwillig sind.

Ebenso wenig ist den Auftraggebern klar, dass diese in den überwiegenden Fällen überschaubare Auflistung die Crème de la Crème darstellt. Das bedeutet: Werden alle Kandidaten auf dieser Liste abgelehnt, wird die nächste Vorstellungsrunde zwangsläufig schlechter, weil in irgendeinem Punkt, vielleicht sogar in mehreren, zum Teil schmerzhafte Abstriche gemacht werden müssen. So entfernt man sich immer weiter vom idealen Kandidaten. Ein hausgemachtes Problem, auf das ich meine Auftraggeber immer wieder hinweise – manchmal vergebens.

Dringend erwünscht

Wenn heute eine gute Fee vor mir landen und mir drei Wünsche gewähren würde, die meine alltägliche Arbeit erleichtern, würde ich mir Folgendes wünschen:

- *Einigkeit.* Eine einheitliche Willensbildung bei den Entscheidern im Unternehmen ist wichtig für jeden Personalberater. Haben die einzelnen Akteure im Besetzungsprozess unterschiedliche Vorstellungen oder Ziele, kann sich der Headhunter auf den Kopf stellen – die Stelle kriegt er nicht besetzt. Es gibt immer ein großes Hickhack: Gefällt der Kandidat Entscheider A, aber nicht Entscheider B, oder hat Entscheider C nach der ersten Auswahlrunde auch noch ein Wörtchen mitzureden, wird der Kandidat, auch wenn er sehr vielversprechend ist, mit hoher Wahrscheinlichkeit in einem frühen Stadium aussortiert. Besonders wenig zielführend sind kaskadierende Vorstellungsgespräche, bei denen in der ersten Runde die Personalabteilung prüft, dann der Vorstand – der vermutlich eine andere Meinung hat als HR – und am Ende steht der Aufsichtsrat, der mit einem einzigen Nein das ganze Kartenhaus zum Einsturz bringt. Drei Entscheider, vier Meinungen – so kann keine Stelle besetzt werden! Am besten ist es, wie schon gesagt, wenn es einen einzigen Entscheider gibt, der sich mit dem Headhunter bezüglich Job-Description und Anforderungen an den idealen Kandidaten austauscht und am Ende den Daumen nach oben oder unten hält und dafür auch die Verantwortung übernimmt.
- *Geschwindigkeit.* Im Besetzungsprozess gibt es, wie Sie bereits wissen, Fristen, die nicht überschritten werden dürfen, da sie sonst alles in die Länge ziehen oder im schlimmsten Fall sogar eine erfolgreiche Besetzung der Position unmöglich machen. Es wäre grandios, wenn mehr Entscheider endlich verstünden, dass Kandidaten hart umkämpft sind und dass sich daher ein Auftraggeber nicht unendlich lange Zeit lassen darf, was eine klare Entscheidung für oder gegen

einen Interessenten angeht. Geschwindigkeit ist Trumpf – denn die Konkurrenz ist auf Zack!

- *Vertrauen.* Wer mit Profis zusammenarbeitet, vertraut den Fähigkeiten der Beteiligten – oder sollte es zumindest. Jeder weiß, welches seine Aufgaben sind und wie er diese am besten erledigt. Es ist daher völlig überflüssig, dem Personalberater über die Schulter zu schauen oder minutiöse Tätigkeitsberichte anzufordern. Deshalb mein Appell: Ruhe bewahren, geduldig sein und Vertrauen haben. Ja, die Vorauswahl braucht zwar ihre Zeit, doch dieser Vorlauf ist notwendig, damit der Auftraggeber sich nicht in Vorstellungsgesprächen über schlecht passende Kandidaten ärgern muss. Dazu muss der Personalberater aber auch ausreichend Zeit haben, um den Markt sorgfältig zu scannen und vielversprechende Interessenten auf angemessene Weise anzusprechen.

Sind das überzogenen Wünsche? Nein, ich glaube nicht. Ganz im Gegenteil: Wer auch nur den Hauch einer Chance haben will, die Besten der Besten der Besten für sich zu gewinnen, muss genau hier ansetzen.

Reise nach Jerusalem reloaded

Im Grunde läuft die Stellenbesetzung ähnlich ab wie das Spiel »Reise nach Jerusalem«, allerdings in etwas abgewandelter Form. Die aufgestellten freien Stühle entsprechen den freien Stellen im auftraggebenden Unternehmen. Die Mitspieler sind die Kandidaten. Bei dem Kinderspiel besteht das Ziel darin, einen freien Platz zu ergattern, sobald die Musik aufhört zu spielen. Der Clou dabei: Es gibt immer einen Stuhl weniger als die Gesamtanzahl der Mitspieler. Derjenige, der keinen Sitzplatz erringen konnte, scheidet aus.

Vergleichbar sieht auch der Wunschtraum vieler Unternehmen aus: Unzählige »Bewerber« buhlen um die heiß begehrten freien Jobs. Und am Ende bekommt einer – idealerweise der Beste der Besten der Besten – den Zuschlag. Doch in der heutigen, von Fach- und Führungskräftemangel geplagten Wirtschaftswelt spielt man oftmals »Reise nach Jerusalem reloaded« mit ganz anderen Herausforderungen und Ergebnissen:

- *Variante 1:* Einige Kandidaten umkreisen die freien Stühle, die Musik spielt, es wird temporeich. Abrupt verstummt die Melodie – und keiner setzt sich hin. Alle Stühle bleiben unbesetzt! Die »Bewerber« prügeln sich nicht um die freien Stellen, im Gegenteil: So richtig gefällt offenbar keinem der Anwesenden das Angebot. Es ist nicht verlockend genug.
- *Variante 2:* Es gibt nur einen Stuhl und einen Kandidaten, der den Sitzplatz *unbedingt* möchte und da auch optimal hinpasst. Die Musik verstummt, und just in dem Moment, in dem der Kandidat Platz nehmen will, zieht der Entscheider im Unternehmen den Stuhl weg. Der Kandidat landet auf dem Hosenboden und findet das verständlicherweise nicht witzig. So möchte er nicht weiter mitspielen und sucht sich neue Spielkameraden, sprich: Er geht im schlimmsten Fall zur Konkurrenz.
- *Variante 3:* Die Musik setzt ein, fünf Kandidaten umkreisen zehn freie Stühle. Die Melodie verstummt, und die schönsten, besten, bequemsten Sitzgelegenheiten sind besetzt – die unattraktiven, durchgesessenen, unbequemen sind leider nach wie vor frei. Die Stühle dieser Unternehmen werden vom Spielfeld, sprich vom Markt, geräumt. Die Stelle bleibt unbesetzt. Game over!

Doch auf Auftraggeberseite scheinen die neuen Spielregeln für den Recruiting-Prozess im engen Kandidatenmarkt und im War for Talents noch nicht angekommen zu sein. Höchste Zeit, dass sich das ändert!

4 EXISTENZGEFÄHRDEND: MONOKULTUR IM MANAGERWALD

Wenn Erfahrung, Fachkenntnis und Unabhängigkeit eines Kandidaten bei der Stellenbesetzung in den Hintergrund treten, Seilschaften, Abhängigkeiten, der richtige Stallgeruch und der Wunsch nach Zugehörigkeit zu einer vermeintlichen Elite dafür eine umso wichtigere Rolle spielen, ist es kein Wunder, dass sich in manchen Unternehmen eine Bunkermentalität mit eingeschränkter Perspektive und vielen blinden Flecken entwickelt. Dass dies existenzgefährdend sein kann, zeigen zahlreiche Skandale, siehe Deutsche Bank, Siemens oder Volkswagen. Mittendrin stets eine geklonte Führungselite, auf ihre Posten gebracht von den Immergleichen.

Ist es dann wirklich ein Qualitätsnachweis, wenn eine große Personalberatung prahlt, sie zähle von den hundert größten Konzernen hierzulande mehr als die Hälfte zu ihren Kunden und kenne fast alle der wichtigsten deutschen Manager persönlich? Und angesichts der vielfältigen neuartigen Herausforderungen in einer globalisierten, digitalisierten Businesswelt, in der sich alles schneller verändert, als vielen lieb ist: Wäre es nicht besser, den eigenen Stall mal ordentlich auszulüften und mehr Branchenfremde an Bord zu holen?

»Siemens tauscht Medizintechnik-CFO kurz vor IPO aus«,[1] »Wie Hasen aus dem Hut – die Chefs wechseln immer schneller«[2] oder »Fehlbesetzung: Jeder dritte Chef taugt nichts«[3]: Solche und ähnliche Schlagzeilen liest man immer wieder in den Wirtschaftsmedien. Wenn man sich in hiesigen Konzernen umschaut, scheint die Einschätzung zuzutreffen, dass es immer mehr Fehlgriffe bei Personalentscheidungen und Fehltritte in den obersten Führungsetagen gibt: Schwarze Kassen bei Siemens, milliardenteure Rechtsstreitigkeiten bei der Deutschen Bank, Abgasmanipulationen bei Volkswagen – schlechte Nachrichten beinahe am laufenden Band. Hinzu kommen persönliche Verfehlungen von Spitzenmanagern, die eigentlich ein Vorbild sein sollten, man denke nur an den Ex-Postler Klaus Zumwinkel oder den ehemaligen Bertelsmann-Chef Thomas Middelhoff.

Da stellt sich doch die Frage: Woran liegt es, dass Unternehmen bei der Auswahl ihrer Topleute so oft danebenliegen? Man sollte doch meinen, dass die Entscheider darauf bedacht sind, freie Stellen sinnvoll und nachhaltig zu besetzen. Denn eine Fehlbesetzung kann die Firma teuer zu stehen kommen – in mehrfacher Hinsicht. Aufgrund meiner intimen Kenntnisse der Besetzungspraxis bei Vorstands-, Aufsichtsrats- und Managementposten weiß ich aber: Leider geht es viel zu oft nicht darum, einen Job an die Person mit den stärksten Qualifikationen – und damit an den am besten geeigneten, den idealen Kandidaten – zu geben, sondern an die Leute mit dem richtigen »Stallgeruch«[4], auch wenn das vielleicht nur die Drittbesten sind.

Die Verlockungen der internen Besetzung

Beim Personalchef kommt der Sparfuchs durch: Warum sollte er die offene Stelle im mittleren Management öffentlich ausschreiben? »Es kostet doch viel weniger, wenn wir einfach jemanden aus den eigenen Reihen nehmen«, denkt er. »Es muss doch einer zu finden sein, der dafür halbwegs geeignet ist. Notfalls kann er ja noch ein paar Trainings kriegen, damit wir ihn fit machen für den Job.

So gehen wir auf Nummer sicher, dass der Neue zu uns passt. Bei einem von außerhalb kann man ja nie wissen, was man kriegt ...«

Gedacht, getan. Zu verlockend ist die Aussicht, keine Stellenanzeigen schalten, keine kostenintensive Suche nach geeigneten externen Kandidaten starten und keine Flut von Bewerbungsunterlagen bewältigen zu müssen. Die Personalabteilung ist ohnehin schon überlastet. Der Personalleiter und sein Team machen sich stattdessen sofort auf die Suche nach potenziellen Kandidaten innerhalb der Unternehmensgruppe.

Zweifellos ist die Überlegung berechtigt, ob eine interne Stellenbesetzung infrage kommt und einer externen womöglich sogar vorzuziehen ist. Die reine Kosten- und Zeitersparnis – etwa durch den Verzicht auf Stellenanzeigen, komplizierte Auswahlverfahren oder den Wegfall langer Kündigungsfristen – ist dabei nicht der einzige Vorteil, den eine Rekrutierung aus den eigenen Reihen bietet. Der interne Kandidat weiß zudem in der Regel schon sehr genau, wie im Unternehmen der Hase läuft. Ein ausführliches Onboarding, also eine Einarbeitung, entfällt nahezu komplett und der Beförderte kann direkt mit seiner Arbeit loslegen und Leistung bringen. Auch die Erwartungen und Ziele beider Seiten sind – zumindest scheinbar – klar, man kennt sich ja bereits eine ganze Weile. Und ein Aufstieg im Unternehmen ermöglicht es dem Kandidaten idealerweise, sein Potenzial zu entfalten, und motiviert ihn, sich voll zu engagieren und immer weiter zu verbessern. Gleichzeitig bindet das Unternehmen seine Toptalente durch Beförderungen an sich und verhindert so die Abwanderung von Wissen und praktischem Know-how zur Konkurrenz. So weit, so gut.

Doch ich erkenne in der internen Vergabe von Führungsposten auch einige Schwachpunkte. Letzten Endes verschieben die Unternehmen das Problem lediglich: Wenn eine Stelle intern besetzt wird, also ein Manager ab sofort eine neue, höhere Position bekleidet, wird dessen vormalige Stelle logischerweise vakant. Auch für diesen muss wieder Ersatz her, woraufhin seine Stelle frei wird und so weiter. Irgendwann herrscht vermutlich gähnende Leere auf der Besetzungsbank, wenn dauerhaft dieses »Aufrück-Spiel« gespielt wird. Dabei passiert es nicht selten, dass jemand auf einen Posten befördert wird, für den er nicht mehr die erforderlichen fachlichen Qualifikationen oder persönlichen Fähigkeiten besitzt – das Peter-Prinzip[5], nach dem jeder bis zur Stufe seiner Inkompetenz aufsteigt, lässt grüßen. Das verheißt keine rosige Zukunft für das Leistungsniveau des gesamten Unternehmens.

Verstehen Sie mich nicht falsch: Es ist nichts dagegen einzuwenden, interne Ausnahmetalente zu identifizieren und zu fördern. Selbstverständlich sollten Unternehmen sich um ihren internen Nachwuchs kümmern und die klugen Köpfe an sich binden, statt sie vorschnell der Konkurrenz zu überlassen – und relevantes Know-how gleich mit. Mir ist es aber wichtig, dass die Entscheider sich bewusst machen, welche Mühen sich dabei wirklich lohnen, und genau überlegen, für welche Position unter Umständen ein externer Kandidat für das Wohl des gesamten Unternehmens sowie zur Sicherung der Zukunftsfähigkeit geeigneter wäre als ein interner Kandidat.

Es ist zum Beispiel durchaus möglich, dass ein junger Manager, der von Anfang an schon im Unternehmen tätig war, nach einer Beförderung von seinen ehemaligen Kollegen nicht ernst genommen wird. Außerdem verstärkt sich die in diesem Fall wörtlich zu nehmende Betriebsblindheit. Das verursacht oft mehr Unruhe und Probleme als nötig. Ein weiteres Problem sind Seilschaften und gegenseitige Abhängigkeiten, die mit der Zeit entstehen können. Mehr dazu erfahren Sie in den Abschnitten »*Die geklonte Führungselite: Dolly lässt grüßen*« und »*Headhunter, Seilschaften und Abhängigkeiten: Interessenkonflikte und systemimmanente Probleme*«.

F wie Führungsqualität

Für den Personalchef eines Pharmakonzerns ist die Sache klar: Der neue Head of Supply Chain wird Herr Reimann. Schließlich ist er ein ausgewiesener Experte auf dem Gebiet der Entwicklung und Herstellung von Arzneien für neuartige Therapien und schon seit vielen Jahren in diesem Ressort tätig. »Der Mann hat eine Beförderung mehr als verdient! Es kann ja wohl nicht angehen, dass er hier jahrzehntelang auf der gleichen Hierarchiestufe geparkt wird«, begründet er seine Entscheidung.

Herr Reimann fühlt sich zunächst geehrt, dass man ihm einen so hochkarätigen Job anbietet, und nimmt beschwingt die nächste Stufe auf der Karriereleiter. Doch schon nach wenigen Monaten geht es mit dem Betriebsklima steil bergab. Reimanns Mitarbeiter sind mürrisch, Krankheitstage häufen sich, die ersten Fachkräfte werfen frustriert das Handtuch und kündigen. Diese Stellen müssen nun auch schnellstmöglich wieder mit Experten besetzt werden, doch die sind rar gesät. Was ist denn da bloß los?

Herrn Reimann – das wird dem Personalchef leider viel zu spät klar – fehlt etwas ganz Entscheidendes: Führungsqualität. Sein fachliches Know-how ist immens und schon früher hat er an den innovativsten Medikamenten mit Feuereifer mitgetüftelt. Doch von Teamführung, Mitarbeiterentwicklung und Motivation hat er bedauerlicherweise keinen blassen Schimmer. Und das wird sich voraussichtlich auch nicht ändern. Für einen Chefposten ist er schlichtweg nicht gemacht.

Auch Herr Reimann hat bei der täglichen Arbeit schnell festgestellt, dass ihn die Beförderung eigentlich mehr behindert. Er liebt es, an der Entwicklung neuer

Medikamente beteiligt zu sein, aber er hasst es, anderen Leuten Vorschriften zu machen. Doch hier will er keinen Rückschritt auf der Karriereleiter machen – und wechselt daher lieber zur Konkurrenz, in ein spezielles Forschungsteam in einem großen Pharmaunternehmen, das seine wahren Stärken richtig einschätzt. Das ist genau sein Ding!

Durch eine solche Fehlbesetzung schneiden sich Unternehmen ins eigene Fleisch: Sie verlieren durch die Beförderung eines ausgewiesenen Experten in eine Managementposition eine wichtige Fachkraft, da diese sich nun ihren neuen Führungsaufgaben widmen muss. Ja, die offene Stelle ist zwar schnell besetzt, aber wie viel ist das wert, wenn dort ein total unzufriedener Manager sitzt? Eine unfähige Führungskraft wird mit der Zeit weitere fähige, motivierte Fachkräfte vergraulen und sie trifft vermutlich mehr als eine Fehlentscheidung. All das kommt das Unternehmen teuer zu stehen.

Ich kann nachvollziehen, dass Unternehmen versuchen, ihre besten Experten bei Laune zu halten, und ihre exzellenten Leistungen belohnen möchten, weil sie befürchten, die Spitzenkräfte könnten sich sonst übergangen oder nicht wertgeschätzt fühlen. Aber nicht bei jedem internen Kandidaten ist eine (Zwangs-)Beförderung in eine Führungsposition die geeignete Maßnahme. Die naheliegende oder bequeme Lösung ist eben nicht immer die klügste. Und auch interne Kandidaten sollten auf wesentliche Voraussetzungen für eine zu besetzende Stelle abgeklopft werden, vor allem wenn sie Fachkräfte sind und ins Management aufsteigen sollen. Denn nicht jeder hat das Zeug dazu, ein Chef zu sein – das muss man können und wollen!

Nur eine schnelle Besetzung ist eine gute Besetzung

Die Konzernzentrale eines Elektronikgiganten ruft eine europaweite Reparaturkampagne aus, für die in allen Filialen schnellstmöglich entsprechend mehr Fach- und Führungspersonal benötigt wird, damit der Berg an erwarteten Reklamationen zügig abgearbeitet werden kann. Kundenservice und Kundenzufriedenheit werden hier schließlich großgeschrieben. Doch die Zeit drängt!

Der HR-Chef in Deutschland beschließt eigenhändig: Für eine externe, langwierige Suche bleibt bei dem engen Zeitrahmen bis zum Start der Kampagne absolut keine Zeit. Er entscheidet, die nötigen Stellen ausschließlich intern auszuschreiben und zu besetzen.

Dann geht alles ganz fix: Fünf freie Stellen, eine Handvoll interne Bewerber macht fünf Besetzungen. Passt denn die Qualifikation, vor allem beim neuen Leiter Personalentwicklung? Das ist in den Augen des Personalchefs zweitrangig, Hauptsache, bis zum Start der Reparaturkampagne sind alle offenen Stellen besetzt! Wo ein Wille ist, ist auch ein Weg, lautet seine Devise. Er persönlich steht nach dieser Hauruck-Aktion erst einmal vor dem CFO gut da, denn die Aufgabe, schnellstmöglich und für kleines Geld Personal für die Reparaturkampagne zu »generieren«, hat er erfüllt.

Doch als es an die Umsetzung geht, wird klar: Dieser Schnellschuss ging voll daneben, vieles war seitens des Personalverantwortlichen zu kurz gedacht. Die frisch beförderten »Experten« brauchen nämlich erst einmal einige Schulungen, sonst können sie die nötigen Reparaturen an den Geräten nicht fachgerecht durchführen. Ausbaden darf dieses Desaster der frisch gebackene

Leiter Personalentwicklung, und er bekommt zu Recht Schnappatmung: Seine komplette Mannschaft, die ihm neu unterstellt ist, fällt wochenlang aus – und die Reparaturanfragen stapeln sich jetzt schon. Na, das kann ja heiter werden!

Generell sind mir schnelle und klare Entscheidungen ja sehr sympathisch – allerdings nur wenn sie zielführend sind. So manche Verantwortliche in Unternehmen machen es sich meiner Ansicht nach zu leicht: Sie treffen Entschlüsse nach dem Motto »Nach mir die Sintflut« und überlassen es den anderen, mit den daraus resultierenden Problemen klarzukommen.

Doch andererseits gibt es genügend Entscheider, die sich erst auf einen Kandidaten festlegen möchten, nachdem ihnen eine üppige Auswahl präsentiert wurde. Das ist mit internen Bewerbern in der Regel nicht zu leisten; da fehlt schlichtweg die Masse. Also kommen externe Kandidaten hinzu und es sind viele zeitraubende Bewerbungsgespräche nötig. Dieser Aufwand muss in diesen Fällen betrieben werden, nur weil der Entscheider es so will – selbst wenn eine hohe Wahrscheinlichkeit besteht, dass intern geeignete Kandidaten zu finden wären. Hier gerät meiner Ansicht nach aus dem Blick, dass es nicht um den Auswahlprozess an sich und die Vergleichbarkeit einer Vielzahl von Kandidaten geht, sondern um einen Perfect Fit mit dem Anforderungsprofil.

Ausgebremstes Nachwuchstalent

Bei einer sogenannten Benchmark-Search in einem Automobilkonzern soll ein internes Nachwuchstalent, das gerne den frei werdenden Posten als Leiter der IT-Abteilung (CIO) bekleiden würde, von einer Personalberatung mit externen Kandidaten verglichen werden. Alle Interessenten werden auf Herz und Nieren geprüft, der Headhunter interviewt eine Reihe von Personen anhand des ausgearbeiteten Anforderungsprofils und kommt zu dem Ergebnis: Der interne Kandidat ist für diese Position tatsächlich am besten geeignet.

Doch als er seine Einschätzung dem Vorstand mitteilt, fällt er aus allen Wolken: »Ja, ich weiß schon, dass Herr Huber aus unserem Haus der Beste für den Job ist. Aber den nehmen wir auf gar keinen Fall! Ich musste dem Kerl mal den Kopf waschen, der wurde mir zu aufmüpfig. Also habe ich ihn mit externen Kandidaten ins Rennen geschickt, das macht ihn hoffentlich etwas demütiger. Jetzt kommt er erst einmal ein paar Jahre auf die Strafbank, dann kann er noch einmal sein Glück versuchen – falls eine entsprechende Stelle frei wird.«

Gesagt, getan. Die Stelle wird mit einem der externen Kandidaten besetzt, der natürlich ebenfalls hervorragend für den Posten geeignet ist und einen guten Job macht. Herr Huber hingegen hat erst nach drei Jahren wieder die Gelegenheit, sich auf eine vergleichbare Stelle in einer anderen Niederlassung des Unternehmens in Niedersachsen intern zu bewerben.

Solche Entscheidungen aus politischem Kalkül müssen ans Tageslicht – und zwar bereits zu Beginn des Such- und Auswahlprozesses! Im Klartext: Welche Herausforderungen erwarten den Kandidaten, wenn er sich für den Wechsel entscheidet? In diesem Beispiel etwa ein langgedienter, erfahrener, aber im Bewerbungsprozess übergangener und deswegen vielleicht ziemlich demotivierter Kollege, der dem Neuen das Leben schwer machen könnte. Sonst startet der neue Manager im Blindflug und wundert sich womöglich über den doch ungewöhnlich harschen Gegenwind. Wird mit offenen Karten gespielt, kann der Kandidat für sich entscheiden, ob er sich das antun will, beziehungsweise sich gründlich auf die erste Begegnung mit dem übergangenen Kollegen vorbereiten, um von Anfang an die Wogen zu glätten.

Intern oder extern? Beides!

Eines gleich vorweg: Man kann nicht alle Positionen aus der Jugend nachbesetzen. Das ist wieder mal das Bayern-München-Prinzip, also das altbekannte Beispiel Profifußball. Im Sport ist das weitgehend akzeptiert, da kommt keiner auf die Idee und sagt: »Wir müssen noch viel mehr in die Jungen investieren.« Sportmanager sind in der Regel froh, wenn sie zwei oder drei aussichtsreiche Talente aus der Jugend in die Erstligamannschaft kriegen. Nichtsdestotrotz ist eine Nachbesetzung aus der Jugend wesentlich billiger, als einen externen Spitzenspieler für zig Millionen zuzukaufen. Da rechnet sich die Investition in Nachwuchstalente im Vergleich schon. Aber: Keine Spitzenmannschaft der Welt steht mit elf Spielern auf dem Platz (und dem Rest auf der Reservebank), die ausnahmslos aus der Jugend des Vereins rekrutiert wären. Die ideale Lösung ist eine Besetzung der Spielerpositionen so weit wie möglich aus dem eigenen Vereinsnachwuchs und der Rest, der dringend benötigt wird, damit die Mannschaft ihre Spitzenposition verteidigen kann, wird extern zugekauft.

Ähnliches gilt für Unternehmen: Interne Besetzungen sind in vielen Fällen gut und goldrichtig – aber eben nicht immer. Sie sind nicht grundsätzlich ausreichend für ein Unternehmen, das die Marktführerschaft anstrebt und dauerhaft zu den Besten der Besten der Besten gehören will.

Was Unternehmen angeht, würde ich persönlich sagen: Im Schnitt lassen sich vielleicht 80 Prozent aus dem unternehmensinternen Nachwuchs rekrutieren. Bei einem höheren Anteil sehe ich die Gefahr, dass zu wenig frisches Blut hinzukommt. Natürlich ist das nur ein grober Richtwert und im Einzelfall ist die Verteilung selbstverständlich abhängig von anderen entscheidenden Faktoren wie etwa der Branche, dem Standort, dem aktuellen Zustand der Firma et cetera. Es kann demzufolge durchaus vorkommen, dass in einer Firma ein erheblicher Anteil der Spitzenmanager »zugekauft« werden muss, um im Wettbewerb bestehen zu können, etwaige Standortnachteile auszugleichen oder Ähnliches. Aber auch der umgekehrte Fall ist möglich, und ein Unternehmen benötigt vielleicht nur ausgewählte 5 Prozent von draußen, weil der Laden ohnehin schon kräftig brummt und wie geschmiert läuft.

Dabei sollte man nicht unterschätzen: Gerade in der heutigen Wirtschaftswelt sind andere Führungspersönlichkeiten gefragt als früher – Stichwort Disruption. Doch diese Tatsache ist offenbar noch nicht bei allen Unternehmen und Entscheidern angekommen: Sie bleiben lieber beim Altbekannten, beim Vertrauten. Vor allem traditionsverbundene Branchen scheinen schwerfällig, wenn es um Themen wie Agilität, Digitalisierung und Ähnliches geht. Und auch bei der Stellenbesetzung folgen solche Unternehmen lieber den ausgetretenen Pfaden mit den altbewährten Leuten, selbst wenn der Erfolg ihnen nicht recht gibt und die Performance der gesamten Organisation leidet.

Die geklonte Führungselite: Dolly lässt grüßen

»Wissen Sie«, beklagt sich der Mittelständler im Erstgespräch mit dem Headhunter, »der letzte Personalberater brachte uns lauter Mittvierziger, total überhebliche Typen im Designer-Nadelstreifenanzug, natürlich komplett mit Manschettenknöpfen, Einstecktuch und Krawattennadel – und der absolut falschen Einstellung. Die kamen hier an und erwarteten einen Hofstaat, eine Entourage, die ihre Arbeit erledigen soll. Aber er ist doch der Leistungsträger. Er soll erst mal Verantwortung für seinen Bereich übernehmen und sich beweisen! Wir brauchen frischen Wind, wir müssen fit werden für die digitale Zukunft und all den Kram.«

Der Personalberater wirft einen Blick auf das aktuelle Anforderungsprofil: Diese Themaverfehlung war von Anfang an programmiert durch die engen Vorgaben darin. Kein Wunder, dass der Headhunter zuvor damit keinen Erfolg hatte. »Meine Empfehlung ist, zunächst einmal den Suchradius zu ändern und das Profil gemeinsam zu überarbeiten«, lautet daher sein Vorschlag. Damit ist der Entscheider einverstanden. Und der Personalberater startet schon bald darauf mit dem modifizierten Anforderungsprofil die Suche nach geeigneten Kandidaten.

Bei der Vorlage vielversprechender Profile beim Auftraggeber kommt dann die erste kalte Dusche, denn der Geschäftsführer wählt ganz offensichtlich potenzielle Kandidaten nach Vertrautheit und nicht nach Qualifikation aus. Interessenten aus einer fremden Branche lehnt er kategorisch ab: »So jemand passt nicht zu uns.« Wer die gewünschten Tätigkeiten bisher nicht ausgeübt hat, wird ebenso aussortiert: »Der kennt die Abläufe gar nicht, das ist mir zu riskant.«

Der Personalberater erkennt: Das wird nichts mit dem frischen Wind in dieser Firma – und das Problem ist ganz klar hausgemacht.

Die Reproduktion des Immergleichen und die vehemente Forderung nach hundertprozentiger Übereinstimmung verhindern genau das, was sich viele Unternehmen wünschen: neue Impulse durch frische Talente mit Erfahrung von außen. Doch dazu gehört auch, neue Wege zu gehen und vom Standardmodell abzuweichen.

Sie kennen doch bestimmt das Steckspielzeug für Kleinkinder, bei dem verschieden geformte Holzklötze durch eine passende Öffnung geschoben werden müssen. Anfangs versuchen sie oftmals, einen eckigen Holzklotz durch eine runde Öffnung zu schieben. Es ist völlig egal, wie oft sie das versuchen. Sie können es mit Engelsgeduld oder mit roher Gewalt probieren – das Ergebnis ist immer gleich: Das funktioniert einfach nicht! Durch einen eigenständigen Denk- und Lernprozess, manchmal mit ein bisschen Hilfe, ändern die Kinder früher oder später ihre Strategie und versuchen etwas anderes.

Kinder kapieren dieses Grundprinzip im Grunde recht schnell, Erwachsene stellen sich – nun wieder auf die Stellenbesetzung mit dem Ziel »frisches Blut« zu übertragen – oftmals nicht ganz so clever an. Und das kann zu vielfältigen Problemen führen:

- Hat das Unternehmen allzu spezifische, über Jahrzehnte rundgeschliffene Vorgaben, kann der Personalberater noch so viele interessante neue Köpfe bringen. Wenn sie zu viele Ecken und Kanten haben, passen sie nicht in die altgediente Form. Solange diese Form nicht verändert wird, bleibt diese Stelle unbesetzt.
- Bringt der Personalberater stattdessen Kandidaten, die exakt zur altgedienten Form passen, wird die Stelle zwar besetzt, aber der Wunsch des Unternehmens nach Veränderung bleibt unerfüllt.
- Produzieren Unternehmen durch interne Beförderungen und ihre verfestigte Unternehmenskultur beispielsweise überwiegend narzisstische Selbstdarsteller, wird das gesamte System im Laufe der Zeit dieselbe Entwicklung nehmen. Die »Formen« gleichen sich an.

Oder mal mit den A-, B-, C-Typen gesprochen, die Sie aus Kapitel 2 kennen: Die zu besetzende Stelle wurde »immer schon« mit einem B-Typen besetzt und das Ergebnis war, milde ausgedrückt, weniger als zufriedenstellend. Welchen Sinn hat es dann, es weiterhin mit B-Typen zu versuchen und sich mit suboptimalen Ergebnissen zufriedenzugeben? Zielführender wäre es, mal ein neues Modell, einen anderen Ansatz, einen neuen Typ auszuprobieren. Schon Albert Einstein soll gesagt haben: »Die Definition von Wahnsinn ist, immer wieder das Gleiche zu tun und andere Ergebnisse zu erwarten.« Das gilt auch in der Personalbeschaffung!

Stallgeruch, der zum Himmel stinkt

Selbst Vorstandspositionen werden oft mit absurd engen Profilvorstellungen besetzt: Aus der Branche soll er kommen, er soll vertraute Tätigkeiten vorher ausgeführt haben – natürlich mit außergewöhnlichem Erfolg – und seine Gehaltsvorstellung soll nicht allzu bedrohlich sein. All das erinnert an ein Bergdorf, in dem jeder Fremde unwillkommen ist. Es wird nach Vertrautheit ausgewählt, der Suchradius extrem eingeschränkt. Gleichzeitig wird aber vehement gefordert, der neue Manager möge frischen Wind bringen und das Unternehmen in die Zukunft führen. Das passt doch hinten und vorne nicht zusammen! So ein Wunschkandidat könnte höchstens gebacken werden – aber im wirklichen Leben geht das natürlich nicht.

Solange die Entscheider sich darüber nicht im Klaren sind und nicht eindeutig festlegen, was der Kandidat wirklich leisten kann und soll, wird die Stelle unbesetzbar bleiben – oder es kommt wieder mal nach Schema F jemand zum Zug, der zum gleichen Schlag gehört wie seine Vorgänger. Doch das ist in der Regel kein Problemlöser, sondern ein Lückenbüßer. Und der hat kaum eine Chance, auf dieser Position die Dinge im Sinn des Unternehmens zum Besseren zu wenden.

Das große Problem, das ich dabei für die hiesige Unternehmenslandschaft sehe: Es kommt fast nichts Neues mehr rein, viel zu wenig frisches Blut. Und das ist in jedem System schädlich, ausnahmslos. Zu viel Konformität ist in jedem System kontraproduktiv, weil dies zu einer Scheuklappenmentalität führt. Die Sicht reicht dann höchstens bis zum eigenen Tellerrand, auf gar keinen Fall darüber hinaus. Diese beschränkte Perspektive, ohne das Korrektiv eines erfahrenen Blicks von außen, führt in vielen Fällen zu wirtschaftlichen Problemen. Die Konsequenz ist, dass die Unternehmen weiterhin stur das machen, was sie immer gemacht haben, und vor allem Neuen zurückscheuen – sogar vor Führungspersönlichkeiten, die einen etwas anderen Managementstil an den Tag legen. Dann höre ich bei dem Versuch, eine hochkarätige Stelle mit einem Querdenker zu besetzen, Einwände wie: »Der passt aber nicht ins bisherige Schema …?« Ja genau, und das ist auch gut so!

Dieser Scheuklappenmentalität und ihren Folgen lässt sich in meinen Augen nur durch eine Durchmischung der Führungsmannschaft, aber auch der gesamten Belegschaft entgegenwirken. Doch wenn bei der Besetzung von Stellen oder bei internen Beförderungen nach wie vor nur zählt, *wen man kennt* und nicht *was man kann* – oder einbringen kann –, ist das der langfristigen Zukunfts- und Wettbewerbsfähigkeit von Unternehmen meiner Ansicht nach nicht sonderlich förderlich.

Neben den vielen größeren und kleineren Fettnäpfchen, in die Unternehmen regelmäßig tappen und dadurch eine erfolgreiche Stellenbesetzung erschweren, gibt es größere Kaliber, die sie regelrecht im Keim ersticken. Dazu zählen auch die bereits beschriebenen Probleme, die mit einer internen Stellenbesetzung auf Teufel komm raus zusammenhängen. Im Folgenden geht es aber vor allen Dingen um Strukturen, die innerhalb des Unternehmens gewachsen sind, sowie um persönliche Befindlichkeiten einzelner Entscheider, die dazu führen, dass eine Stelle lange Zeit unbesetzt bleibt.

Interner Widerstand: So wie ich, aber nicht besser

Im Briefing-Gespräch stellt der Produktionsvorstand klar: Er braucht für den Posten als Leiter Werke EMEA unbedingt eine starke Persönlichkeit, einen Macher. Gesagt, getan: Der Personalberater präsentiert die stärksten Managerpersönlichkeiten, doch zu seiner Verwunderung werden sie alle unter Vorgabe fadenscheiniger Gründe abgelehnt. »Da stimmt doch etwas nicht«, grübelt der Headhunter.

Es hilft nichts: Es müssen auch Kandidaten auf der Shortlist landen, die in puncto Führungsqualitäten und Durchsetzungsstärke nicht gerade exzellent abschneiden. So langsam beginnt der Headhunter ein Muster zu erkennen: In Wahrheit fehlen dem derzeitigen Vorstand selbst genau die gesuchten Fähigkeiten – daher setzt dieser alles daran, seine eigene Position zu sichern. Seine heimliche Agenda ist aus diesem Grund von Anfang an, die starken Kandidaten auszusortieren und stattdessen später einen schwächeren Kandidaten zu wählen.

Die Wahl fällt – mehr oder weniger zufällig – auf Herrn Bremer. Bei ihm schlägt der Produktionsvorstand zu, obwohl er dem ursprünglichen Anforderungsprofil in vielen essenziellen Aspekten sicherlich nicht entspricht. Doch eines ist gewiss: Herr Bremer wird ganz sicher nicht an seinem Stuhl sägen!

So manche Führungskraft fühlt sich von Neuankömmlingen auf einer niedrigeren Managementstufe bedroht. Der eine oder andere hört förmlich schon, wie »der Neue« an seinem Stuhl sägt. Das muss er natürlich mit allen zur Verfügung stehenden Mitteln verhindern und setzt dem Kandidaten im Vorstellungsgespräch deshalb mächtig zu oder – die etwas subtilere Variante – versucht unterschwellig, ihm die Idee auszureden, bei »seinem« Unternehmen anzuheuern. Und wenn das nicht direkt in einem der persönlichen Interviews fruchtet: Irgendeinen Grund wird er sich schon ausdenken, warum derjenige absolut nicht passt und spätestens im nächsten Schritt aussortiert wird. Das Assessment-Center steht schließlich auch noch an – die perfekte Gelegenheit, um unliebsame Kandidaten unauffällig auszusieben.

Bei einer solchen Konstellation kann der Personalberater noch so viele passende Kandidaten anschleppen: Diese Stelle wird nicht besetzt, solange das zugrunde liegende Problem nicht gelöst ist.

Das gegenteilige Beispiel, dass ein interner, perfekt geeigneter Kandidat für sein früheres Verhalten dem Entscheider gegenüber abgestraft wird, indem ihm der Aufstieg auf der Karriereleiter versperrt wird, haben Sie bereits kennen gelernt: Ein externer Kandidat bekommt den Zuschlag, obwohl dieser nicht besser geeignet ist als der interne. Hier ist ebenso politisches Kalkül der Entscheider im Spiel, nur in einer anderen Form. Und in beiden Fällen haben sie ganz sicher etwas anderes als das Wohl der Firma im Sinn.

Nur über meine Leiche!

Der Personalleiter einer Einzelhandelskette ist stinksauer: Der Vorstand hat ohne Rücksprache mit ihm einen Personalberater engagiert, der nun einen geeigneten Kandidaten als CFO finden soll. Als ob er seinen Job nicht verstünde! »Ich weiß schließlich am besten, wer zu uns passt. Denen werde ich's zeigen!«, grummelt der HR-Chef.

Die Ansage des Firmenchefs: Vor der Entscheidung möchte er eine üppige Auswahl sehen. Sich nur an die internen Kandidaten zu halten ist ihm zu wenig. Dabei hat der Personalleiter schon einen spezifischen internen Interessenten im Auge, der für die Stelle seiner Meinung nach gut geeignet wäre. Dennoch soll er nun die externen Kandidaten, die der Personalberater anschleppt, ebenfalls begutachten.

Bei der Auswahlentscheidung bremst er die erfolgreiche Stellenbesetzung mit den vorgestellten Interessenten mal mehr, mal weniger subtil aus. An jedem Kandidaten, den der Personalberater empfiehlt, findet er etwas auszusetzen.

So manches Mal ist nicht der Standort oder das Unternehmensimage das Problem, wie bei den Beispielen in Kapitel 3, sondern die persönliche Befindlichkeit einer ganz bestimmten Person im Besetzungsprozess. Das kann ein Vorgesetzter sein, der sich von einem Neuankömmling bedroht fühlt, oder wie im eben beschriebenen Fall auch ein HR-Verantwortlicher, der sich durch einen externen Berater in seiner Kompetenz beschnitten sieht und ihm die richtige Besetzung nicht zutraut. Menschlich verständlich ist das ja, zumindest auf den ersten Blick: Wer möchte sich schon gern von außen, in diesem Fall von einem Personalberater, vermeintlich ins Geschäft pfuschen lassen? Und so fühlen sich Fachvorgesetzte wie Personaler oft übergangen.

Die Folgen sind kilometerweit abzusehen: Im Besetzungsprozess gibt es von Anfang bis Ende herben Gegenwind von unterschiedlichen Seiten, jeder verfolgt seine eigene Agenda und letztlich werden immer wieder die gleichen Typen auf bestimmten Posten landen. Das stellt den Personalberater vor große Herausforderungen. Werden die Konflikte offen diskutiert, kann er noch als Mediator zu vermitteln versuchen. Verschweigen die Beteiligten jedoch strittige Punkte, ist nichts zu machen.

Ich kann gar nicht genug betonen, wie sehr interne Machtspielchen eine erfolgreiche nachhaltige Besetzung erschweren! Denn letztlich geht es nur darum, im Besetzungsprozess zu einer optimalen Lösung zu finden – indem alle Beteiligten Hand in Hand arbeiten.

Keine Lösung ist auch eine Lösung

Manchmal veranstaltet ein Auftraggeber sogar eine ganz große Show, weil die Suche nach einem geeigneten Kandidaten in Wahrheit nur Schall und Rauch ist. Und entsprechend dieser »Vorgabe« wählt er dann auch die passende Personalberatung aus. Ein Fremdmanager beispielsweise, der – im Gegensatz zum Firmeninhaber – keinerlei Interesse an einer effektiven Lösung eines Problems hat, kann mit einem Personalberater, der nach kürzester Zeit mit dem passenden Kandidaten aufwartet, überhaupt nichts anfangen. Er braucht stattdessen jemanden, der (gegebenenfalls sogar vorgeblich) intensiv nach geeigneten Interessenten sucht, jeden Stein zweimal umdreht und am Ende – leider, leider, leider – doch mit leeren Händen dasteht. Es ist eben ein *unmöglich* zu lösender Fall. Das muss der Firmeninhaber dann auch einsehen und der Fremdmanager lacht sich ins Fäustchen. Er verhält sich nach außen hin regelkonform – das heißt, er gibt vor, im Interesse der Geschäftsführung zu handeln, doch irgendwann lässt er die ganze Aktion im Sand verlaufen.

Die Intention des Auftraggebers entscheidet nicht selten darüber, ob es eine Lösung gibt oder nicht. Natürlich hat man als Personalberater bei dem einen oder anderen Auftrag einen leisen Verdacht – und manchmal erweist dieser sich im Nachhinein auch als berechtigt –, dass man vom Auftraggeber instrumentalisiert wird und eine wirkliche Lösung des Problems unerwünscht ist. Das bedeutet, der Auftraggeber will im Grunde seines Herzens keine Lösung und er weiß dies aktiv oder unbewusst zu verhindern – wie zum Beispiel ein in die Jahre gekommener Firmenchef, für den ein Nachfolger gesucht werden soll, der aber noch nicht bereit ist, das Zepter abzugeben.

Es kann nur einen geben: Die verflixte Nachfolgeregelung

Der Inhaber eines traditionsreichen Papier- und Verpackungsunternehmens hat schon lange das Pensionsalter hinter sich gelassen. Über Jahrzehnte hat er es geschafft, das Weltklasse-Unternehmen durch so manche Krise zu manövrieren, die Konkurrenz immer wieder auszustechen und die Umsätze zu steigern.

Die Kinder bewundern zwar den Ehrgeiz ihres Vaters und sind stolz auf die Erfolge des Traditionsunternehmens, doch beruflich haben sich alle völlig anders orientiert. Der eigene Nachwuchs hat demnach weder Interesse noch besitzt er die fachlichen Qualifikationen, um das Unternehmen weiterzuführen, wenn der »alte Chef« nicht mehr kann.

Daher engagiert der Inhaber für die Suche nach einem qualifizierten Nachfolger, der die Geschäfte und die Mitarbeiter führen kann, eine Personalberatung. Die Messlatte legt er gleich beim ersten Gespräch extrem hoch: »Den Besten, den es für den Job gibt, sehe ich jeden Tag – im Spiegel!«

Nach einer solchen Ansage kann der Personalberater eigentlich einpacken, denn in diesem Unternehmen wird er mit an Sicherheit grenzender Wahrscheinlichkeit keinen Nachfolger besetzen. Der einfache Grund ist: Einen Klon, der mit dem bisherigen Firmeninhaber identisch ist, gibt es schlichtweg nicht. Doch solange der Kandidat nicht aussieht, denkt, spricht und handelt wie der Vorgänger, wird an der Spitze nichts passieren. Das ist eine unlösbare Aufgabe!

Der Entscheider, in der Regel der bereits in die Jahre gekommene Inhaber, wird an jedem potenziellen Nachfolger etwas auszusetzen finden und daraus den einzig möglichen Schluss ziehen: »Ich kann noch nicht gehen. Das ist der eindeutige Beweis, dass ich hier noch gebraucht werde. Ohne mich läuft der Laden offensichtlich nicht. Ich lasse doch mein Lebenswerk nicht ruinieren!« Hinzu kommen gar nicht so selten höchst individuelle Probleme: Wenn es Dinge gibt, von denen »der Alte« nicht will, dass er sie einem Nachfolgen offenbaren oder seiner Familie erklären muss. Und das ist dann nicht unbedingt einmal die berüchtigte Leiche im Keller, sondern das Problem erweist sich im Gegenteil sogar als quicklebendig … Dafür gibt es im Grunde keine Lösung, solange der aktuelle Stelleninhaber an seiner Einstellung und seiner Geheimniskrämerei festhält.

Ende gut, alles gut

Früher oder später muss die Firmenleitung aus Altersgründen an einen Nachfolger abgegeben werden. Eine von langer Hand geplante Unternehmensnachfolge ist dabei das A und O. Bei inhabergeführten Unternehmen ist es gang und gäbe, dass ein Familienmitglied das Zepter übernimmt. So bleibt die Firma in der Familie. Aber nicht in jedem Fall steht ein qualifizierter Nachfolger aus der engeren Verwandtschaft zur Verfügung.

Eines ist klar: Eine Nachfolgeregelung macht man nicht eben mal so über Nacht, es ist ein langwieriger und komplexer Prozess, bei dem Unternehmen oftmals fachliche Unterstützung von außen brauchen. Sinnvollerweise hätte der Unternehmer im obigen Beispiel schon zehn Jahre zuvor – mindestens! – mit der Suche anfangen sollen. So hätte er genügend Gelegenheit gehabt, einen fähigen Nachfolger aufzubauen, sein über Jahrzehnte angehäuftes Wissen und seine wertvollen Erfahrungen zu teilen sowie vielleicht auch einen Fehlgriff zu verschmerzen.

Kümmern sich Unternehmen rechtzeitig um eine Nachfolgeregelung, bleibt genügend Zeit, zusammen mit einer Personalberatung infrage kommende Familienmitglieder sowie interne und externe Kandidaten in Ruhe zu bewerten. So können die Inhaber sicherstellen, dass ihr Erbe in guten Händen ist und sich mit hoher Wahrscheinlichkeit auch weiterhin auf dem umkämpften Markt gegen die Konkurrenz durchsetzen kann. Es ist schwer nachzuvollziehen, warum viele Unternehmer ihr Lebenswerk dennoch so leichtfertig und vor allem unnötig aufs Spiel setzen.

Ich muss sagen, viele Unternehmen verpassen den richtigen Zeitpunkt, sich um die Nachbesetzung eines strategisch wichtigen Postens zu kümmern. Dabei muss das gar nicht immer der Kopf des Unternehmens sein – auch andere wichtige Positionen sind mitunter mit einem Verfallsdatum versehen. So manches Mal läuft der Vertrag mit dem aktuellen Stelleninhaber nicht ewig und das Rentenalter erreichen Spitzenmanager ebenfalls eher früher als später. Daher sollte hier immer die Devise lauten: »Lieber früher an später denken!«

Headhunter, Seilschaften und Abhängigkeiten: Interessenkonflikte und systemimmanente Probleme

Wie es um die Aufrichtigkeit und Integrität deutscher und internationaler Firmen bestellt ist, kann jeder regelmäßig in den Schlagzeilen verfolgen: Da jagt ein Skandal den nächsten, von Abgasmanipulationen über Insiderhandel und Schmiergeldzahlungen bis hin zu Kartellbildungen.[6] Compliance-Verstöße sind heutzutage in aller Munde. »Compliance«, zu Deutsch Regelkonformität, meint die Einhaltung von Gesetzen, Regeln, Richtlinien, aber auch freiwilliger Kodizes in Unternehmen.

Compliance-Regelung – ein zahnloser Tiger

Was sagen denn die Manager selbst zum Thema Ethik und Compliance im Unternehmensalltag? Mit dieser Frage hat sich die Prüfungs- und Beratungsgesellschaft Ernst & Young beschäftigt und im Jahr 2017 eine Studie veröffentlicht, für die 4 100 Unternehmen in 41 Ländern befragt wurden. Ein zentrales Ergebnis für Deutschland lautet: »43 Prozent der deutschen Manager halten Bestechung und Korruption hierzulande mittlerweile für weit verbreitet.« Weniger als ein Viertel der befragten deutschen Unternehmen schätzt demnach die hiesigen Ethikstandards als sehr hoch ein und Regulierungsmaßnahmen sind den Befragten eher ein Dorn im Auge: Mehr als die Hälfte sieht sie als Wachstumsbremse an, die zudem auf firmeninterne Ethikstandards wenig positiven Einfluss hat.[7]

Fast ein Viertel der befragten Manager in Deutschland gab außerdem zu: Um ihre Karriere zu beschleunigen oder um sich einen anderen Vorteil wie etwa einen finanziellen Bonus zu sichern, wären sie bereit, unlautere Mittel einzusetzen, beispielsweise das eigene Management oder externe Auditoren zu täuschen.[8] Und das würde vermutlich noch nicht einmal groß auffallen, denn aus der Studie »Global Fraud Survey« von Ernst&Young aus dem Vorjahr, für die Vorstandsmitglieder und Mitarbeiter im General Counsel, im Rechnungswesen und in der internen Revision von über 2800 Unternehmen in 62 Ländern befragt wurden, ging bereits hervor: Nahezu alle befragten deutschen Großunternehmen haben zwar Antibestechungs- und Antikorruptionsrichtlinien – doch klare Sanktionen bei einem Verstoß werden in weniger als zwei Drittel der Firmen festgeschrieben. Zudem war immerhin jeder Sechste der damals befragten Manager der Ansicht, die Wettbewerbsfähigkeit des Unternehmens werde durch das unternehmenseigene Compliance-Programm beeinträchtigt.[9]

Dazu passen auch die Ergebnisse des Manager-Barometers 2016/2017, wonach durchschnittlich ein Viertel der Befragten bereits Korruptions- oder Betrugsfälle in der eigenen Firma erlebt hat – in der Automobilbranche waren es sogar mehr als 40 Prozent. Als Gründe für unethisches Verhalten identifiziert diese Studie überwiegend den hohen Erfolgsdruck, unter dem die Manager leiden, aber auch schlicht und ergreifend Gier und einen generellen Werteverfall der Gesellschaft.[10]

So einige Führungskräfte hierzulande scheinen bei ihren Handlungen also offenbar nicht gerade das Wohl des Gesamtunternehmens im Sinn zu haben, sondern eher ihren eigenen Gewinn. Doch das zieht Konsequenzen nach sich, wenn man erwischt wird – was heute offenbar viel eher der Fall sein kann als noch vor ein oder zwei Jahrzehnten. Aufgrund ethischer Verfehlungen – dazu zählen demnach unangemessenes beziehungsweise kriminelles Verhalten wie Betrug, Bestechung, Insiderhandel, gefälschte Lebensläufe oder sexuelle Indiskretionen – mussten in den letzten Jahren laut der »2016 CEO Success Study« von Strategy& mehr CEOs ihren Hut nehmen als früher.[11] Die Studienreihe untersucht jährlich die Veränderungen in den 2500 weltweit größten börsennotierten Unternehmen. Demnach sind die führenden Köpfe der weltweiten Wirtschaftsunternehmen immer wieder negativ aufgefallen, sei es, weil sie Investoren oder Aufsichtsbehörden irreführten oder selbst kreative Abkürzungen nahmen, oder sei es, weil sie es nicht schafften, in ihren eigenen Organisationen unethisches oder rechtswidriges Verhalten aufzudecken, zu korrigieren oder zu verhindern. Die gute Nachricht: Nach wie vor ist die Anzahl der Vorfälle gering, im Jahr 2016 waren es weltweit weniger als zwanzig.[12] Allerdings sind das auch nur die bekannt gewordenen Fälle – wer weiß, wie hoch die Dunkelziffer ist … Wie dem auch sei: Fakt ist, dass es überall auf der Welt Zeitgenossen in Managementpositionen gibt, die sich nicht korrekt verhalten. Auch in puncto Menschlichkeit würden viele von ihnen vermutlich keine Bestnote absahnen.

Doch im Grunde ist das nichts Neues: Schwarze Schafe gab und gibt es immer und überall und die Personalberatungsbranche bildet hier leider keine Ausnahme. Zwar hat der Bund Deutscher Unternehmensberater (BDU) mit den »Grundsätzen ordnungsgemäßer und qualifizierter Personalberatung« ein Regelwerk veröffentlicht, das den Mitgliedsunternehmen als Richtlinie bei ihrer Tätigkeit dienen soll. Und in den Berufsgrundsätzen heißt es dann auch in Paragraf 4 zum Thema Interessenkollision: »Der Berater führt die Beratung unvoreingenommen und objektiv durch; dies schließt insbesondere Gefälligkeitsgutachten aus. Er nimmt von Dritten für sich oder andere keine finanziellen oder materiellen Zuwendungen – etwa Provisionen – an, die seine Unabhängigkeit gefährden und dem Auftraggeber nicht bekannt sind […].«[13] Aber an solche oder andere ethische Vorgaben halten sich eben längst nicht alle.

Keine Frage, mit Headhuntern eng zu kooperieren zahlt sich in der Regel für alle Beteiligten aus: Wer einen Personalberater mit der Besetzung einer Stelle beauftragt, gerät sehr oft selbst in dessen Fokus und wird bei nächster Gelegenheit vielleicht mit einem attraktiven Angebot bedacht. Und muss diese Person für seinen neuen Arbeitgeber irgendwann eine Vakanz füllen – klar, wer dann den Suchauftrag erhält. So bleiben Headhunter und Spitzenkräfte weiter gut im Geschäft und miteinander verbunden. »Wen kenn' ich?« wird dann wichtiger als »Was kann ich?«.

Aus so mancher harmlos erscheinenden und im Grunde menschlich nachvollziehbaren Aktion kann ein veritabler Compliance-Verstoß werden. Über die Jahre ist mir in der Hinsicht so einiges zu Ohren gekommen. Ein paar Geschichten möchte ich Ihnen im Folgenden erzählen.

Aus Erfahrung gewählt

Herr Pretzel wurde von einem Personalberater in das Logistikunternehmen in Baden-Württemberg gebracht, in dem er nun schon seit mehreren Jahren tätig ist. Aufgrund seiner überragenden Leistungen gab es für ihn bereits eine weitere Beförderung: Seit Neuestem verantwortet er das internationale Marketing. Dafür braucht er nun ganz dringend einen Leiter für den Bereich Online-Marketing und Social Media. Doch woher nehmen, wenn nicht stehlen? Da kommt ihm der Personalberater in den Sinn, der ihm damals diese Chance hier erst ermöglicht hat.

Wenn er an die Zeit zurückdenkt – skeptisch war er ja schon, ob das wirklich die richtige Entscheidung sein würde. Dass sich der Jobwechsel als derartiger Glücksfall für ihn entpuppen sollte, beruflich wie privat, konnte damals aber auch wirklich keiner ahnen. Keinen einzigen Tag hat er seinen Entschluss bereut!

Kein Wunder, dass sich jemand vertrauensvoll mit einer Anfrage an denselben Headhunter wendet, den er schon einmal in Aktion erlebt hat. Und natürlich geht es runter wie Öl, wenn ein Kandidat, den ein Personalberater einst irgendwohin vermittelt hat, als Auftraggeber wiederkehrt. Denn das bedeutet, dass der Headhunter einen erstklassigen Eindruck hinterlassen und seinen Job gut gemacht hat. Der Einsatz hat sich also gelohnt! Schließlich kommen nur zufriedene Kunden wieder. Dagegen ist auch erst einmal nichts einzuwenden, denn wie Sie bereits in Kapitel 2 erfahren haben, bekommen Headhunter viele Aufträge aufgrund persönlicher Kontakte oder Weiterempfehlungen.

Eine ebenfalls gar nicht so seltene Ausgangssituation: Ein hochkarätiger Manager mit weitreichendem Netzwerk steigt aus seinem bisherigen Geschäft aus und macht sich als Personalberater selbstständig. Kurz darauf übernimmt er für seinen ehemaligen Arbeitgeber einen großen Auftrag. Darf er das? Aus dem privaten Alltag weiß ja jeder: In der Regel engagiert man den Dienstleister, den man entweder selbst schon kennt und demzufolge einschätzen kann, oder einen, den man von einer vertrauenswürdigen Person empfohlen bekommt. Grundsätzlich ist es also durchaus verständlich. Aber ist es auch moralisch einwandfrei, sich selbst oder dem ehemaligen Arbeitgeber auf diese Weise einen Vorteil zu verschaffen? Ab wann schwingt es um ins Zwielichtige? Wann betritt der Headhunter oder der ehemalige Kandidat oder Auftraggeber die Grauzone, nahe am Compliance-Verstoß? Das ist manchmal gar nicht so leicht zu sagen.

Ausgeplaudert

Herr Wiedemann macht gegenüber einem Personalberater unmissverständlich deutlich, dass er seinen Job bei seinem derzeitigen Arbeitgeber nicht mehr länger ausüben möchte. Er will wechseln, je schneller, desto besser.

Doch was er nicht ahnt: Der Headhunter nutzt dieses Insiderwissen schamlos aus. Er meldet sich bei dessen Vorgesetztem und teilt diesem unverblümt mit: »Ist Ihnen eigentlich schon bekannt, dass Herr Wiedemann zur Konkurrenz wechseln will? Darauf sollten Sie sich am besten jetzt schon vorbereiten. Ich bin Ihnen da gerne behilflich ...«

In Kapitel 3, »*Alles gar kein Problem*« habe ich Ihnen von den zwar seltenen, aber dennoch stattfindenden Loyalitätstests seitens der Unternehmen erzählt. Was ist die logische Konsequenz aus einem solchen Test? Ganz klar, der Vorstand weiß nach einer solchen Fragerunde, für welche Positionen er schleunigst einen Nachfolger suchen sollte, und das Personalberatungshaus bekommt vermutlich den Auftrag sofort. Doch es gibt, wie Sie sehen, auch den umgekehrten Fall, denn Informationen fließen ja bekanntlich in beide Richtungen.

Doch diese Art der »kreativen Auftragsbeschaffungsmaßnahme« ist kein Usus, und solange eine Personalberatung Wert auf Fairness und Diskretion legt, passiert das auch nicht. Aber wie könnten die wechselwilligen Kandidaten sicher sein? Tja, leider können sie es schlichtweg nicht. Wer sagt denn, dass beispielsweise in einem größeren Beratungshaus ausschließlich Heilige herumlaufen, die alles, was sie dort erfahren, für sich behalten, als hätten sie ein Schweigegelübde abgelegt? Natürlich ist ein solches Maß an Diskretion überaus wünschenswert, aber leider nicht ganz realistisch. Eigeninteressen überwiegen eben manchmal moralische Bedenken.

Ich kann wechselwilligen Kandidaten eigentlich nur raten, nicht bei jeder x-beliebigen Anfrage allzu leichtfertig ihre Bereitschaft, den Arbeitgeber zu wechseln, proaktiv herauszuposaunen. Das eigene Bauchgefühl sollte man hierbei auf keinen Fall unterschätzen.

Gelegenheit genutzt

Der Headhunter hat den CFO einer Großhandelskette zum Wechsel in ein anderes Unternehmen überzeugen können, der Arbeitsvertrag ist bereits unterschrieben. Demzufolge ist in besagter Großhandelskette der CFO-Posten vakant.

»Hm ...«, überlegt der Personalberater. »Da könnte ich doch mal dem Aufsichtsrat meine Dienste anbieten, oder? Die Suche nach geeigneten CFOs ist für den anderen Kunden ja bereits durchgeführt worden – da stehen einige noch völlig unverbrauchte Profile auf der Liste, die vielleicht auch für diesen potenziellen Auftraggeber geeignet wären. Das spart Zeit und Ressourcen!«

Ist es unanständig, aktiv auf einen potenziellen Auftraggeber zuzugehen, wenn der Personalberater Insiderwissen nutzt? Ja, vielleicht würden es manche so sehen oder als unfair bezeichnen und es kommt meines Wissens in der Praxis auch eher selten vor. Allerdings, das muss man hinzufügen: Die Großhandelskette – um kurz noch bei dem obigen Beispiel zu bleiben – war bis zu diesem Zeitpunkt gar kein Kunde des Personalberaters. Das bedeutet, dass hier keine Off-Limits-Regelung verletzt wurde.

Diese selbst auferlegte Richtlinie in der Personalberatungsbranche kennen Sie bereits aus Kapitel 1, »Achtung, Abwerbung!«. Warum es die Off-Limits-Regelung gibt, ist leicht nachvollziehbar: Während der Zusammenarbeit hat der Headhunter Einblick in wichtige Unterlagen des Auftraggebers und lernt im Lauf des Besetzungsprozesses viele Manager und Fachkräfte kennen. Ein Personalberater mit mittelmäßig eingestelltem moralischen Kompass könnte also auf die Idee kommen, diese neuen Kontakte direkt in seine Datenbank aufzunehmen und bei der nächstmöglichen Gelegenheit zu nutzen – sprich: Fach- und Führungskräfte schamlos für den nächsten Kunden abzuwerben. Für seriös arbeitende Personalberatungen ist so etwas ein ganz klares Tabu – auch ohne vertragliche Vereinbarung.

Auf der anderen Seite grenzt die Off-Limits-Regelung – vor allem je hochkarätiger die Kandidaten und damit auch die Auftraggeber werden – die großen Beratungshäuser, aber auch die Spezialisten ein: Wenn man schon für alle großen Firmen tätig war, beschneiden die meist zweijährigen Fristen die Suche nach geeigneten Kandidaten logischerweise. Denn all diese Unternehmen sind während dieser Zeit bei der Suche tabu. Gerade größere Personalberatungen, die viele Großkunden mit vielen Mitarbeitern betreuen, könnten also mit der Zeit in die Bredouille geraten: Mit jedem neuen Suchauftrag verlängert sich rein theoretisch die Liste der Kandidaten, von denen die Personalberatung erst einmal die Finger lassen muss – bis die Off-Limits-Frist abgelaufen ist beziehungsweise bis der Wunschkandidat von selbst zu einer anderen Firma wechselt.

Vor allem wenn sich eine große Personalberatung oder ein Berater auf eine Branche spezialisiert, stellt sich doch die Frage, wie sie ausreichend Kandidaten für all ihre vielen Auftraggeber generieren kann. Denn wenn es eine Topberatung ist, steht zu vermuten, dass sie auch für den Großteil des Markts tätig ist. Wenn nicht, ist sie keine Topberatung. Da liegt es doch in der Natur der Sache, dass Personen innerhalb einer Branche nur von A nach B nach C und so weiter bewegt werden können und irgendwann wieder bei A landen. Daher wird auch die Off-Limits-Regelung oftmals so gestrickt, dass sie möglichst wenig »Angriffsfläche« bietet. Das bedeutet, sie ist beschränkt auf die besetzte Position, alle anderen Abteilungen, beispielsweise eines Konzerns, sind damit weiterhin »vogelfrei« und dürfen geplündert werden. Das ist in meinen Augen eines der Probleme, die entstehen, wenn horizontal, das heißt branchenabhängig, nach geeigneten Kandidaten gesucht wird. Ein vertikaler, funktionsunabhängiger Such- und Auswahlprozess erweitert den Suchradius und führt bei einer Off-Limits-Regelung zu weniger möglichen Übertretungen.

Es liegt in der Natur der Sache, dass kleinere bis mittelgroße Personalberatungen seltener in solche Interessenkonflikte geraten, weil die Off-Limits-Liste bei ihnen kürzer ausfällt. Da ist also noch mehr Luft nach oben, wohingegen die großen Beratungshäuser dafür sorgen müssen, ihre eigenen ethischen und moralischen Grundsätze nicht zu brechen und dennoch weiter zu wachsen.

Im Grunde ist es ja das Geschäftsmodell von Personalberatungen, Fach- und Führungskräfte von einem Unternehmen in ein anderes zu bewegen. Es geht dabei nicht darum, ein Unternehmen zu schädigen, sondern Spitzenleuten einen neuen Job zu verschaffen. Ähnlich wie ein Scout im Profisport, der Talente in eine höhere Liga holt, weil er in ihnen großes Potenzial sieht. Daran ist auch nichts Verwerfliches. Schließlich können Manager und Mitarbeiter zu jeder Zeit kündigen, weil sie sich weiterentwickeln wollen, neue Herausforderungen suchen oder was auch immer. Das steht ihnen frei; ihr derzeitiger Arbeitgeber hat keinen lebenslangen Anspruch auf sie. Der einzige Unterschied ist, dass hier ein Personalberater im konkreten Auftrag der Konkurrenz diskret nachfragt, ob der Kandidat gerade wechselwillig ist und interessiert wäre. Das geht vollkommen in Ordnung, das nennt man auch Wettbewerb. Doch im War for Talents gibt es auch Leute, die mit härteren Bandagen kämpfen.

Gekonnt abgesägt

Der Vorstand eines Elektronikunternehmens ist mit der Arbeit des engagierten Personalberaters extrem zufrieden. Der Headhunter bringt der Firma einen fähigen Partner Value Creation und kurz darauf auch einen hoch qualifizierten CFO eines Tochterunternehmens – alles ganz im Sinne der Geschäftsführung.

Über den Aufsichtsrat wird der Vorstand jedoch abgesägt. Und mit dem neu eingesetzten CEO hält auch dessen Lieblingspersonalberatung Einzug in das Unternehmen. Diese »platziert« in der Folge geschickt einen HR-Vorstand, der weitere lukrative Aufträge sicherstellt, inklusive Assessment-Center und allem Drum und Dran. Sie schafft auf diese Weise eine Basis für weitere Besetzungen genau in ihrem Sinne.

Die bisherige Personalberatung kann einpacken. Dieser Auftraggeber ist für sie verloren, denn gegen dieses enge Beziehungsgeflecht – man könnte es durchaus auch Filz nennen – kann sie nichts ausrichten.

Auch die umgekehrte Konstellation gibt es: Ein erfahrener Headhunter aus einem großen Personalberatungshaus wird nach einem exzellent erfüllten Auftrag von einem namhaften Großkonzern für dessen Personalabteilung abgeworben. Er soll ab sofort dort die Suche nach Spitzenkräften leiten. Hierfür heuert er auch externe Headhunter an – genauer: seinen vormaligen Arbeitgeber.

Solche Konstellationen sind in meinen Augen unter berufsethischen Gesichtspunkten überaus grenzwertig. Denn hier besteht eindeutig die Gefahr, dass einer oder mehrere Beteiligte vor allen Dingen ihr eigenes Wohl in den Mittelpunkt stellen und sich mit Menschen umgeben wollen, die ihnen wohlgesinnt sind und auf die sie zählen können. All das mit dem Ziel, die eigene Machtposition zu festigen, unliebsame Konkurrenten kleinzuhalten oder zu vergraulen und aufgrund der richtigen Beziehungen hinter den Kulissen die Strippen zu ziehen.

Knallhart kalkuliert

Der Personalchef eines Mineralölkonzerns pickt sich beim Pitch um eine Auftragsvergabe das vielversprechendste Personalberatungshaus aus – allerdings nicht unbedingt für das Unternehmen oder die anstehende Stellenbesetzung, sondern vielmehr für seine eigene Karriere. Er hofft, dass dadurch einer der dortigen Top-Headhunter auf ihn aufmerksam wird und ihn in guter Erinnerung behält. Könnte eines nicht allzu fernen Tages nützlich sein – denn so richtig zufrieden ist er in seinem jetzigen Unternehmen nicht.

Der Pitch ist meiner Meinung nach eine der überflüssigsten Veranstaltungen im Headhunting-Alltag. Was verbirgt sich dahinter?

Mindestens drei Personalberatungen treten in einer Art Schönheitswettbewerb gegeneinander an und buhlen um die Gunst des Auftraggebers. Ganz ehrlich: Ich habe in meiner langjährigen Laufbahn noch keinen einzigen Pitch erlebt, der wirklich zielführend gewesen wäre, und zwar im Sinne von: Die am besten geeignete Personalberatung bekommt den Zuschlag. Es sind eigentlich immer andere Interessen im Hintergrund am Werk, die den Ausgang dieser Beauty-Contests beeinflussen.

Entweder geht es rein um die Frage: Wer macht's am billigsten? In diesem Fall sitzt die Einkaufsabteilung am Drücker und soll eine Auswahl zwischen drei zum Pitch eingeladenen Personalberatungen treffen. Ganz klar, worüber hier diskutiert wird: über das Honorar des Personalberaters. Also die unendliche Geschichte, die ich zu Beginn von Kapitel 3 bereits angesprochen habe: Man findet immer einen, der es billiger macht und nicht kann. Sparen um jeden Preis ist keine Kunst. Und es ist in meinen Augen vollkommen sinnbefreit, vor allem wenn es um die Besetzung von Spitzenpositionen geht.

Der zweite mögliche Fall: Der Pitch findet nur der Form halber statt; in Wahrheit steht die Personalberatung, die den Zuschlag bekommen soll, schon längst fest. Es wird nämlich niemand Geringerer als ein Buddy des Entscheiders. Davon haben schließlich beide etwas. Natürlich nicht offiziell, da gibt man sich als Entscheider schon den Anstrich, als habe man einen ausgeklügelten Kriterienkatalog, nach dem die angetretenen Headhunter bewertet werden. Doch das ist reinste Augenwischerei! Die beiden »Pro-Forma-Bewerber« können bei ihrem Pitch mit den besten Referenzen aufwarten, den eindrucksvollsten Werdegang haben und die spektakulärste Präsentation abliefern; sie könnten auch mit zehn Tellern in der Luft jonglieren, dabei rückwärts Einrad durch einen Hindernisparcours fahren und alle Elemente des Periodensystems auswendig aufsagen – es würde nichts nützen. Denn am Ende heißt es dann doch à la Germany's Next Topmodel: »Es tut mir leid, ich habe heute leider kein Foto für dich.« Der Buddy wird als Schönheitskönigin gekürt. Und die reine Arbeitsbeschaffungsmaßnahme für die beiden als schmückende Deko eingeladenen Personalberatungen nimmt hier ein Ende. Sie hätten sich all die Mühe für die Vorbereitung auf diese abgekartete Veranstaltung sparen sollen und stattdessen richtige Auftraggeber gewinnen können, die ernsthaft an ihren Diensten interessiert sind.

Wie bereits gesagt, manche Menschen denken und handeln oft nach dem Motto »Nach mir die Sintflut« und sind sich lieber selbst der Nächste. Dann steht weder die Auswahl der richtigen Personalberatung noch die Besetzung der offenen Stelle mit dem idealen Kandidaten im Vordergrund, sondern nur das eigene Vorwärtskommen. In solch einem Fall überrascht es auch nicht, dass aus persönlichen Motiven jede sich bietende Möglichkeit genutzt wird, um tragfähige Kontakte zu Headhuntern aufzubauen. Da dient die Suche nach einem neuen Mitarbeiter in erster Linie als Vorwand, als ein Vehikel für die eigenen Karrierepläne.

Für den Personalberater ist das auf den ersten Blick nicht immer leicht zu erkennen. Ich lasse mich jedenfalls nicht gerne instrumentalisieren. Und wie vielen meiner Kollegen geht es mir nicht darum, irgendjemandem einen neuen Job zu verschaffen, sondern in jedem einzelnen Fall eine perfekte Lösung für den Auftraggeber zu finden.

Geschickt eingefädelt

Der Headhunter hat ein klar gesetztes Ziel: Aus persönlichem Kalkül will er einen ganz speziellen Kandidaten bei einem börsennotierten Unternehmen platzieren, weil er sich davon lukrative Folgeaufträge verspricht. Also wird er bei der Präsentationsrunde kreativ: Er schlägt von den zehn Kandidaten, die theoretisch in Betracht kämen, lediglich drei vor. Mehr gebe der Markt schlichtweg nicht her, macht er dem Auftraggeber glaubhaft weis.

Die drei Kandidaten kennt der Personalberater alle persönlich, und das sogar ziemlich gut, das ist das wahre

Auswahlkriterium. Das bedeutet, dass mit hoher Wahrscheinlichkeit einer »seiner« Kandidaten den Zuschlag bekommt – es sei denn, der Auftraggeber lehnt aus unerfindlichen Gründen alle drei Interessenten ab. Aber im Grunde ist auch das kein allzu großes Problem, schließlich hat der Headhunter noch drei weitere in petto, die er in der nächsten Runde präsentieren kann. Nach ein paar Wochen vermeintlich intensiver »Suche«, versteht sich. Und nötigenfalls noch einmal drei. Und noch einmal. So schnell versiegt die Quelle im »Buddyversum« nicht, man kennt schließlich die wichtigsten Player. Die künftige Auftragslage des Personalberaters ist jedenfalls zumindest mittelfristig gesichert, sobald der Arbeitsvertrag unterschrieben ist.

Diese Art der informellen Kungelei, »Buddy-Boarding« genannt, das in der alten Deutschland AG der Siebzigerjahre selbstverständlich war, ist meiner Ansicht nach ein systemimmanentes Problem. Das soll kein Vorwurf gegen die Konkurrenz sein, es ist einfach die Wahrheit: Ab einer gewissen Größe rutschen Personalberatungen eher in ein Geflecht aus Seilschaften, Loyalitätsverhältnissen und gegenseitigen Abhängigkeiten hinein. Bei Einzelkämpfern besteht andererseits die Gefahr, erpressbar zu werden, denn jeder gewonnene oder verlorene Auftrag entscheidet über Wohl und Wehe der Firma.

Doch auch mittelgroße Personalberatungen sind vor Buddy-Boarding nicht gänzlich gefeit. Denn ein großer Teil der Aufträge kommt durch die über lange Jahre gehegten und gepflegten persönlichen Beziehungen zustande. Über Freunde, die den Headhunter beauftragen, weil sie ihm zutrauen, dass er das kann. Man arbeitet gern miteinander, weil Vertrauen vorhanden ist, die Qualität stimmt und man einander mag. Das hat in meinen Augen aber eine andere Wertigkeit. Die gesetzten Ziele machen den entscheidenden Unterschied. Es ist eine ganz andere Nummer, wenn ein Buddy einem Personalberater Aufträge zuschiebt und das Ziel reine Umsatzmaximierung ist. Sicherlich sind die Grenzen verschwommen, das mag ich gar nicht bestreiten, und jeder hat seinen persönlichen moralischen Kompass.

Für mich steht jedenfalls fest: Wenn nicht die unvoreingenommene Besetzung einer Stelle mit dem am besten geeigneten Kandidaten das Ziel ist, sondern im Hintergrund Strippenzieher agieren, die sich aus einer bestimmten Besetzung einen wie auch immer gearteten Vorteil versprechen – egal ob Entscheider oder Personalberater –, führt dies unter dem Strich unweigerlich zu Problemen, weil sich die Führungselite letztlich nur selbst reproduziert. Zudem steigt das Risiko, nur den Drittbesten für den Job zu bekommen. Verloren geht auf jeden Fall der unverstellte Blick für relevante Veränderungen außerhalb des eigenen Firmenmikrokosmos – und damit büßen die Unternehmen ihre Innovationskraft und Wettbewerbsfähigkeit ein. Und das kann ja wohl nicht das eigentliche Ziel sein, oder?

Besetzung nach Proporz: Quoten als Lösung?

DIVERSITY wird heutzutage überall großgeschrieben und tatsächlich bringen unterschiedliche Sichtweisen und persönliche Erfahrungen, die auch auf Herkunft, Geschlecht, Alter oder sexueller Orientierung beruhen können, Unternehmen einen enormen Gewinn: Sie müssen schließlich ihre Kunden langfristig im Blick behalten, auf gesellschaftliche Veränderungen reagieren und Innovationen vorantreiben, wenn sie dauerhaft erfolgreich sein wollen – denn auch die Welt, die Gesellschaft, die Märkte sind um einiges bunter geworden. Mit einer Geschlechterquote wird in Deutschland ebenso wie in einigen anderen Ländern bereits versucht, die Unternehmenslandschaft mehr zu durchmischen. In der Schweiz hat die Debatte über die Einführung einer Frauenquote ebenfalls begonnen.[14]

Aber ist es wirklich sinnvoll, bei einer Vakanz zunächst einmal bestimmte Quotenmerkmale festzulegen, die Kandidaten erfüllen müssen, um überhaupt in die engere Auswahl zu kommen? Kann das wirklich funktionieren? Und tut das Wirtschaft und Unternehmen gut?

Die Geschlechterquote

Wie aufgeladen allein die Geschlechterdebatte ist, merkt man daran, dass schon etwas harmlos Erscheinendes wie ein Gruppenfoto einen Shitstorm auslösen kann, zuletzt etwa bei der Kabinettsbildung von Innen- und Heimatminister Horst Seehofer im Frühjahr 2018. »Männerverein Heimatministerium: Das Spiegelkabinett von Horst Seehofer«[15] oder »Seehofers Mannschaft im Shitstorm«[16] lauteten die Schlagzeilen. Das Foto der ausschließlich männlichen Führungsriege sei »unvorteilhaft«.[17] Auch an Kanzlerin Angela Merkels Personalentscheidungen bei der Zusammensetzung der neuen Bundesregierung wurde kräftig herumgemäkelt. Der Vorwurf: zu geringer Frauenanteil.[18] Der neue Koalitionsvertrag sieht übrigens vor, dass die Leitungspositionen im öffentlichen Dienst bis 2025 gleichberechtigt mit Frauen und Männern zu besetzen sind.[19] Na, da ich bin ja mal gespannt!

Mit einer solchen Besetzungskultur werde, so die Kritiker, »eine Atmosphäre zementiert, in der ohnehin keine Frau und niemand mit Migrationshintergrund arbeiten möchte – es sei denn, um alle rauszuschmeißen und von vorne anzufangen«.[20] Wenn ich so etwas lese, applaudiere ich im Stillen, denn auch auf die Führungsetagen trifft dies in so manchem Unternehmen zu, in dem vordergründig für Diversität und Chancengleichheit plädiert wird, am Ende aber doch nur die Immergleichen die Posten bekommen.

Wie erfolgreich ist die Geschlechterquote denn eigentlich? Das Managerinnen-Barometer 2018 des Deutschen Instituts für Wirtschaftsforschung (DIW) zieht eine eher nüchterne Bilanz: In den Aufsichtsräten liege der Frauenanteil mittlerweile zwar durchschnittlich bei rund 30 Prozent. Werfe man jedoch einen genauen Blick in die Vorstandsebenen, seien Frauen dort nach wie vor rar gesät (nur 8 bis 13 Prozent) – allerdings gebe es hier bislang auch noch keine gesetzliche Regelung, sondern lediglich von den Unternehmen selbst gesetzte Zielgrößen, die sie erreichen wollten.[21]

In Deutschland ist das »Gesetz für eine gleichberechtigte Teilhabe von Frauen und Männern in Führungspositionen« seit Mai 2015 in Kraft. Laut Bundesministerium für Familie, Senioren, Frauen und Jugend, kurz BMFJS, gilt: »Für Aufsichtsräte von Unternehmen, die börsennotiert sind und der paritätischen Mitbestimmung unterliegen, gilt seit 2016 eine Geschlechterquote von 30 Prozent. Unternehmen, die entweder börsennotiert oder mitbestimmt sind, werden verpflichtet, Zielgrößen zur Erhöhung des Frauenanteils in Aufsichtsräten, Vorständen und obersten Management-Ebenen festzulegen.«[22] Die Studie »2016 CEO Success« von Strategy& kommt allerdings ganz nüchtern zu folgendem Ergebnis: »Trotz des zunehmenden politischen Drucks bleiben die Führungsetagen […] meist eine reine Männerdomäne.« Sie beziffert den Frauenanteil unter den neu angetretenen CEOs in Deutschland, Österreich und der Schweiz im Jahr 2016 mit 3 Prozent – das liege unter dem globalen Schnitt (3,6 Prozent).[23]

Schon seit 2006 setzt sich der Verein Frauen in die Aufsichtsräte (FidAR) dafür ein, »den Frauenanteil in den deutschen Aufsichtsräten signifikant und nachhaltig zu erhöhen«[24]. Im »Women-on-Board-Index 185«, der Anfang 2018 veröffentlicht wurde, heißt es zur aktuellen Lage: »Der Anstieg des Anteils von Frauen in Führungspositionen der Wirtschaft hat sich verlangsamt. […] In den für strategische Entscheidungen wichtigen Ausschüssen der Kontrollgremien sind weiterhin Frauen deutlich unterrepräsentiert. Auch der geringe Zuwachs des Frauenanteils in den Vorständen zeigt, dass das Gesetz den Kulturwandel hin zu einer gleichberechtigten Teilhabe bisher nur angestoßen, aber noch zu keiner signifikanten Steigerung des Frauenanteils geführt hat.«[25]

Im Klartext: Klassenziel leider noch nicht erreicht. Von einer stärkeren Geschlechterdiversität an der Unternehmensspitze kann derzeit noch kaum die Rede sein. Die alleinige Schuld dafür bei den Unternehmen zu suchen, halte ich persönlich aber für unfair. Aus Erfahrung weiß ich, dass sich bereits viel mehr Firmen als früher Frauen in der engeren Auswahl wünschen – doch der Recruiting-Prozess ist kein Wunschkonzert. Selbst wenn sich Personalberater noch so große Mühe geben, mehr Kandidatinnen für Spitzenpositionen auf die Shortlist zu bringen: Erstens gibt es auf dem Kandidatenmarkt leider noch nicht so viele Frauen, wie es bräuchte, und zweitens scheitert die Besetzung nicht selten an den Frauen selbst, die zu einem Stellenwechsel noch nicht bereit sind. Das soll keineswegs ein Vorwurf sein, es ist schlichtweg eine Beobachtung über viele Jahre hinweg, die sowohl mein eigenes Research-Team wie auch viele meiner Personalberaterkollegen mit mir teilen. Klar ist: Da ist noch einiges zu tun – aber als Headhunter kann ich die gesellschaftlichen Probleme nicht lösen, sondern nur die meiner Auftraggeber. Und das ist anspruchsvoll genug …

Der »Petra-Effekt«: Wenn Frauen kneifen

Auf der Liste des Personalberaters stehen insgesamt 118 vielversprechende Kandidaten, davon sind 102 Männer und 16 Frauen. Der Headhunter arbeitet sich von oben nach unten durch mit dem Ziel, Interesse zu wecken und Follow-up-Termine zu vereinbaren.

Das Zwischenergebnis: Von den Männern halten sich natürlich so gut wie alle für prädestiniert, den Vorstandsposten eines großen Softwareentwicklers zu übernehmen. Damit hatte der Personalberater schon fast gerechnet. Ebenso geht er erfahrungsgemäß davon aus, dass ein Großteil der männlichen Interessenten an einem Anflug von Größenwahn leidet. Bei genauerem Hinsehen und Nachfragen stellt sich bei den ausführlichen Follow-up-Gesprächen heraus, dass gerade mal ein Viertel für den Auftraggeber infrage kommt und tatsächlich hinreichend qualifiziert ist. Der Rest überschätzt die eigenen Fähigkeiten maßlos. Aber wechselwillig sind sie alle von Anfang an – ohne zu zögern.

Bei den Damen sieht es in puncto Wechselbereitschaft hingegen ganz anders aus. Die Kandidatinnen sind zwar allesamt hoch qualifiziert, doch vom Fleck weg interessiert sind gerade einmal drei. Der Rest winkt dankend ab. Die drei weiblichen Interessenten wollen nach dem Follow-up und dem Treffen mit dem Headhunter ihren Hut in den Ring werfen. Doch letzten Endes bringt nur eine von ihnen den Mut auf, die beiden anderen ziehen ihr Vorhaben nicht durch und sind raus.

Dass Führungskräfte sich selbst klonen, davon habe ich Ihnen ja in diesem Kapitel bereits berichtet. Und so ist es kein Wunder, dass Männer oftmals andere Männer für den Vorstand (aus)suchen. Ausnahmen bestätigen wie immer die Regel. Doch auch umgekehrt ist es nicht gerade einfach: Personalberater, besonders auch -beraterinnen, können ein Lied davon singen, wie schwer es ist, Frauen für Spitzenpositionen zu gewinnen – und das nicht, weil es überhaupt keine fähigen Kandidatinnen gäbe.

Warum ist das so? Über die Gründe kann man viel spekulieren. Das Manager-Barometer 2016/2017 identifizierte einige Unterschiede zwischen den befragten Männern und Frauen, die als Ausgangspunkte für weitere Überlegungen dienen können. Demnach sind Managerinnen eher als ihre männlichen Kollegen bereit, für einen interessanten Job die Branche komplett zu wechseln und sich fachlich neu zu orientieren. Deutlich seltener stimmen sie hingegen zu, ihren Wohnsitz zu verlagern oder eine Wochenendbeziehung zu führen. Diesbezüglich setzen Männer und Frauen womöglich unterschiedliche Prioritäten.[26] Ich kann aus meiner langjährigen Erfahrung hinzufügen: Frauen überlegen sich viel häufiger und viel akribischer als Männer, warum sie etwas nicht tun sollten, also was gegen eine angebotene Stelle spricht.

Smarte Arbeitgeber sollten diese Anhaltspunkte nutzen, um idealerweise schon bei der Erstellung des Anforderungsprofils, spätestens aber beim Vorstellungsgespräch geeignete Köder auszuwerfen und der Damenwelt den Wechsel schmackhafter zu machen, indem sie mögliche Problemfelder frühzeitig entdecken und Lösungsmöglichkeiten anbieten.

Ich erlebe es in meiner Beratungspraxis ständig. Es scheint so, dass selbst minder qualifizierte Männer sofort laut und deutlich »Hier, ich!« rufen und zur Selbstüberschätzung neigen, wenn es um den nächsten Karriereschritt geht, während die weitaus bessere qualifizierte Frau zögert, an ihren Talenten zweifelt und so manche Unannehmlichkeit einer neuen Aufgabe fürchtet. Sie stellt ihr Licht eher unter den Scheffel, selbst wenn sie jede Menge Berufs- und Lebenserfahrung hat, manchmal sogar weit mehr als ihre männlichen Kollegen. Ob das mit Erziehung, Prägung oder Diskriminierung zu tun hat oder naturgegeben ist, sei dahingestellt – und die Diskussion darüber überlasse ich gerne anderen.[27] Fakt ist: Es manifestiert sich im Headhunter-Alltag immer und immer wieder.

Klar ist aber auch: Solange sich Frauen nicht etwas mehr trauen, läuft jede Quote völlig ins Leere. Lamentieren hilft nichts: Wenn Frauen tatsächlich in Wirtschaft und Gesellschaft etwas verändern wollen, müssen sie sich mehr nach vorne wagen – und damit auch Verantwortung für sich und für andere übernehmen. Statt also intensiv die Schwierigkeiten, Unbequemlichkeiten und Risiken einer neuen Position zu betrachten, heißt es, beim nächsten Anruf eines Headhunters beherzt zu sagen: »Ja, ich will!« Denn all die Männer, die den gleichen Anruf bekommen haben und vermutlich sogar weniger qualifiziert sind, haben genau das schon längst getan.

Ein Gedankenexperiment

Was wäre, wenn die Geschlechterquote flächendeckend gesetzlich vorgeschrieben wäre? Wie würde sich diese Entscheidung auf das Recruiting auswirken?

Meiner Meinung nach werden hier Ursache und Wirkung verwechselt. Eine Quote ist ein sachfremdes Argument, das bei der Stellenbesetzung nichts verloren hat, denn sie löst das zugrunde liegende Problem nicht. Das gilt im Übrigen auch für jede andere Quote, die man vielleicht einführen möchte. Mal ganz davon abgesehen, dass meiner Meinung nach jede Quote dem Grundgesetz widerspricht. Dort heißt es in Artikel 3: »Niemand darf wegen seines Geschlechtes, seiner Abstammung, seiner Rasse, seiner Sprache, seiner Heimat und Herkunft, seines Glaubens, seiner religiösen oder politischen Anschauungen benachteiligt oder bevorzugt werden. Niemand darf wegen seiner Behinderung benachteiligt werden.« Eigentlich sollte doch damit alles klar sein – wozu also eine weitere gesetzliche Regelung, noch dazu eine, die genau dieses Grundrecht konterkariert? Schließlich würden durch vorgeschriebene Quotenregelungen weibliche Kandidaten bevorzugt, männliche benachteiligt. Bei der Stellenbesetzung träte die Qualifikation in den Hintergrund und wesentlich wichtiger wäre dann die Erfüllung der Quote. Ist das wirklich das Ziel der Übung?

Eine weitere Schwierigkeit, die ich dabei sehe: Nur weil eine verbindliche Geschlechterquote eingeführt ist, erhöht sich nicht zwangsläufig und automatisch die Bereitschaft von Frauen, in die Unternehmensspitzen aufzusteigen. Wie bereits beschrieben, scheinen einige darauf überhaupt nicht erpicht zu sein. Wie stellt sich der Gesetzgeber das denn vor? Sollen Firmen also Frauen zu ihrem Glück zwingen und sie in Positionen verfrachten, die sie gar nicht innehaben wollen – sozusagen eine Abwandlung des Peter-Prinzips?

Qualität statt Quote

Für Personalberater bedeutet jedenfalls jedwede Quote, dass sich der Abstand zur Kandidatenzielscheibe vergrößert. Damit sinkt die Wahrscheinlichkeit, das Bullseye zu treffen. Daher müssen die Headhunter zwangsläufig irgendwann Abstriche bei der Passgenauigkeit in Kauf nehmen und die Anforderungen bezüglich der Hard Skills an den nicht mehr ganz so idealen, aber quotenkonformen Kandidaten anders definieren. Was nicht passt, wird also passend gemacht – notfalls mit der Holzhammermethode. Ich frage mich: Wem soll das etwas bringen?

Vielversprechender wäre es in meinen Augen, das männlich dominierte Wirtschaftssystem für Frauen generell attraktiver zu machen. Das ist sicher kein leichtes Unterfangen und auch nicht von heute auf morgen zu umzusetzen. Wie wäre es, wenn sich die Wirtschaftswelt den Vorzügen weiblicher Führungskräfte anpasste, statt sie mit Gewalt in ein männerdominiertes System pressen zu wollen, in dem sie sich gegen viel zu viel Widerstände behaupten müssen? Meiner Meinung nach liegt der Schlüssel in einer Systemveränderung – doch ob und wie das am besten zu bewerkstelligen wäre, ist eine offene Frage.

Mit einer festgelegten Quote bewegen wir uns jedenfalls bei der Stellenbesetzung immer weiter von der grundsätzlichen Eignung, der fachlichen Qualifikation sowie den persönlichen Eigenschaften der Interessenten weg. Und damit erweisen wir letztlich weder unserer Wirtschaft und den Unternehmen auf der einen Seite noch auf der anderen Seite den Kandidaten im Allgemeinen und den Frauen im Besonderen einen Gefallen.

Meine Prognose: Bei *einer einzigen* Quote wird es aller Voraussicht nach auf Dauer nicht bleiben. Das wird im Such- und Auswahlprozess im schlimmsten Fall zu einer minutiösen Abgrenzung führen, wer alles nicht diskriminiert werden darf und somit eine Stelle bekommen muss – egal ob er oder sie dafür fachlich und persönlich geeignet ist oder nicht. Wichtig ist dann nur noch, dass die Äußerlichkeiten stimmen (Hautfarbe, Geschlecht, vielleicht sogar Körpergewicht oder Schuhgröße) und bestimmte Einstellungen angemessen berücksichtigt werden (Religion, sexuelle Orientierung oder gar Ernährungsgewohnheiten). Mag ziemlich überspitzt formuliert sein, halte ich aber nicht für ausgeschlossen.

Wie extrem die Quotenkrankheit ausarten kann, zeigt sich immer wieder von Neuem nach einer Bundestagswahl. Sobald es darum geht, Ministerposten zu besetzen, zählt vielfach der Proporz mehr als die tatsächliche Qualifikation für den Job. So auch im Jahr 2018, als es einen großen Aufschrei gab, weil Ostdeutschland nicht ausreichend vertreten schien.[28] Von der nicht ausreichenden Berücksichtigung von Ministerinnen (siehe oben) ganz zu schweigen. Um diese Aspekte drehte sich die Diskussion einzig und allein in der Folge. Es geht also in der Politik oftmals nicht darum, denjenigen als Minister einzusetzen, der den damit verbundenen Aufgaben fachlich und persönlich gewachsen ist; viel wichtiger scheint die Erfüllung von Quoten oder sachfremden Erwartungen zu sein.

Das ist ja in der Politik schon schlimm genug, aber bei der Besetzung von Spitzenpositionen in hiesigen Unternehmen halte ich das für einen fatalen Fehler. Meiner Meinung nach gibt es bei jedweder Quotenregelung nur Verlierer: Die Unternehmen bekommen nicht die Besten, die sie für den Job anheuern könnten, und der eingestellte »Quoten-Mitarbeiter« kann sich ausrechnen, dass er nicht aufgrund seiner Fähigkeiten den Zuschlag erhalten hat, sondern um eine Quote zu erfüllen, was sich vermutlich negativ auf seine allgemeine Motivation auswirken wird. Auf den Gipfel wird das Ganze getrieben, sollte eines Tages eine bestimmte Quotenkombination gefragt sein. Fakt ist: Bei jeder Quotenregelung wird sich eine Gruppe finden, die sich nicht ausreichend repräsentiert fühlt. Was dann folgt, ist eine nie endende Kaskade an Anpassungen und neuen Quoten. Und wir entfernen uns immer weiter von der eigentlichen Aufgabe, dem eigentlichen Ziel der Übung. Es mag ja sein, dass einer der idealen Kandidaten zufälligerweise auch die eine oder andere Quote erfüllt. Doch umgekehrt ist es wohl eher unwahrscheinlich, dass jeder Quotenkandidat der Beste für den zu besetzenden Job ist.

Da stellt sich doch – lieber früher als später – die berechtigte Frage: Wie sollen in dieser Konstellation sonst die idealen Kandidaten gefunden werden, wenn nicht über Quoten? Und mit ideal meine ich, dass es diejenigen sind, die für die Lösung des Problems am geeignetsten sind. Wie schon gesagt: Ein Kandidat, der als eine Art Heilsbringer sämtliche Versäumnisse vergangener Jahre im Handumdrehen löst, lässt sich nicht einfach mal eben so herbeihexen – und Quoten sind dabei nur ein zusätzliches Hindernis. Meine klare Forderung lautet daher: Das einzige Kriterium muss sein, wer den Job am besten kann, also am besten qualifiziert ist! Es sollte dabei egal sein, wen er kennt, woher er kommt, woran er glaubt oder wie er aussieht.

Lösungsorientierte Suche nach Personal

Innerhalb einer Branche, vor allem in engen Märkten, kennen sich die relevanten Player. Über die Jahre wachsen Geschäftsbeziehungen zu Mitbewerbern, Zulieferern und Kunden. Klingt alles super – doch vielfach haben derartige Seilschaften wie bereits beschrieben negative Effekte. Beziehungen und persönliche Vorteile lassen das Wesentliche in den Hintergrund treten: den Unternehmenserfolg und damit die Zukunftsfähigkeit der gesamten Organisation. Wenn sich jeder selbst der Nächste ist und sich um das große Ganze kaum noch jemand schert, wenn also das eigene Ego überhandnimmt, kommt alles zum Stillstand. Eine sich selbst klonende Führungselite verliert irgendwann die Realität aus dem Blick zugunsten des politischen Kalküls. Solche Führungskräfte wollen ihre Macht, ihren Einflussbereich erweitern; Unternehmensziele spielen in so einer Konstellation bald eine untergeordnete oder gar keine Rolle mehr.

Nur frischer Wind kann dem Unternehmen dann helfen – und den bringen nicht die alten Hasen, sondern die neuen Köpfe, die niemandem außer der Firma verpflichtet sind, weil sie nicht in dem dichten Geflecht aus brancheninternen Beziehungen hängen. Sie können, unbelastet von über die Jahre gewachsenen Abhängigkeiten, ein Unternehmen ziel- und lösungsorientiert in eine neue Richtung lenken – wenn man sie denn lässt. Dass das nicht ganz so einfach ist, haben Sie im Abschnitt »*Stallgeruch, der zum Himmel stinkt*« erfahren.

Warum also nicht einmal einen Problemlöser aus einem anderen Bereich nehmen, der andere Erfahrungen, einen unverstellten Blick und im Idealfall viele neue Ideen mitbringt? Gerade in der heutigen, schnelllebigen Zeit mit ihren zahlreichen Umbruchsituationen, in denen ein Turnaround über die Zukunftsfähigkeit von Unternehmen entscheidet, neue Märkte erschlossen werden müssen oder allerorten verkrustete Strukturen aufgebrochen werden sollen, ist es vielfach die bessere Herangehensweise, sich von der Branche zu lösen und branchenübergreifend nach potenziell passenden Kandidaten zu suchen. Das ist zumindest meine Erfahrung.

Branchenverliebtheit bei der Wahl des Personalberaters

In einem Großkonzern in der Chemiebranche hat die Personalabteilung das Heft in der Hand, wenn es um die Beauftragung von Personalberatern geht. Dazu hat sie einen ausführlichen Fragebogen entworfen, um die Bewerber zu evaluieren. In dem rund zwanzigseitigen Werk wird unter anderem abgefragt, wie viele internationale Büros das Personalberatungshaus betreibt oder wie viele Berater sich ausschließlich mit der Chemiebranche beschäftigen.

Nach einem internen Bewertungsverfahren – manchmal aber auch einfach nach persönlichen Sympathien – entscheidet der Personalchef, welches der vier evaluierten Beratungshäuser als »bevorzugt« eingestuft wird und somit die Aufträge erhält. Ausschließlich mit diesem dürfen seine Personaler in Zukunft bei der Stellenbesetzung arbeiten.

Sicher, nach irgendeinem Kriterium muss der Auftraggeber auswählen. Und offenbar sieht so manches Unternehmen die Größe und internationale Ausrichtung einer Personalberatung als gewichtigen Vorteil an, auch dann wenn die Firmen ausschließlich national tätig sind oder kaum als Megakonzern bezeichnet werden können. Aber das große Beratungshaus wird – so die Vermutung der Auftraggeber – allein schon über die schiere Masse an Beratern viele und auch viel bessere Kandidaten auffahren können als eine Personalberatung überschaubarer Größe. Doch das muss nicht unbedingt stimmen und das merken mittlerweile auch viele Auftraggeber, die sich bei großen Personalberatungen regelrecht abgefertigt fühlen.

Brancheninsider werden ebenso von den Kunden oftmals bevorzugt, weil sie vermeintlich bessere Ergebnisse liefern können. Bei vielen Auftraggebern lautet daher die erste Frage an einen Headhunter: »Kennen Sie sich denn wirklich in der Chemie-/Elektronik-/Textil-/Einzelhandels-/Windkraftbranche aus?« Ja, viele Personalberatungen werben explizit mit ihrer exzellenten Branchenkenntnis. Viele, aber nicht alle. Und sicher gibt es Branchen, in denen sich so mancher Headhunter (noch) nicht auskennt. Aber wo liegt denn das Problem, frage ich mich dann immer. Ein Personalberater muss doch nicht Kerntechnik studiert haben, um eine Spitzenposition in der Branche zu besetzen. Ein Berater muss ebenso wenig selbst CFO gewesen sein, um Finanzchefs zu besetzen. Warum sollte eine bei der Stellenbesetzung nicht vorhandene Branchenerfahrung aus erster Hand ein Ausschlusskriterium sein? Es mag sein, dass jemand, der aus einer bestimmten Branche stammt, dort vielleicht über ein besseres Beziehungsnetz verfügt. Das allein bedeutet jedoch im Umkehrschluss nicht, dass ein Personalberater keine geeigneten Kandidaten liefern kann, nur weil er branchenfremd ist. Eine Tatsache, die vielen Auftraggebern nur sehr schwer zu vermitteln ist. Aber ich gebe nicht auf!

Personalberater müssen Menschen und Unternehmenskulturen verstehen – eine Branche tiefgründig zu kennen ist dazu meiner Meinung nach nicht zwingend notwendig. Wichtig ist, dass der Headhunter seinen Job versteht. Seine Aufgabe lautet schlicht und ergreifend, passende Kandidaten für eine freie oder in Kürze frei werdende Stelle zu finden, anzusprechen und ein Treffen mit dem Auftraggeber zu arrangieren. Von umfassender Branchenkenntnis ist in meiner Job-

Description, also meinem Selbstverständnis als Headhunter, jedenfalls nirgends die Rede.

Für eine erfolgreiche Besetzung ist entscheidend, dass der Personalberater das Problem des Auftraggebers versteht und infolgedessen den richtigen Kandidaten ausfindig macht. Schließlich ist es doch nicht das erklärte Ziel, alle Führungskräfte innerhalb einer Branche einmal durchzureichen, also von einem Unternehmen ins andere zu bewegen. So findet doch auf Dauer keine Veränderung statt, und wie Sie zu Beginn dieses Kapitels bereits erfahren haben: In vielen Branchen wäre ein wenig frischer Wind in den oberen Etagen mehr als hilfreich.

Funktion schlägt Branche

Ich persönlich finde es unverantwortlich, dass manche Unternehmen nach wie vor sowohl bei der Auswahl eines Personalberaters als auch bei der Entscheidung für oder gegen einen bestimmten Kandidaten so vehement an ihrer Branche kleben. Denn auf diese Weise gehen sie ein höheres Risiko ein, nicht den besten Kandidaten zu bekommen, weil sie den Suchradius des Personalberaters beziehungsweise seines Research-Teams schon im Vorfeld massiv einschränken. Dadurch entgehen ihnen nämlich vielversprechende Kandidaten. Mein Leitsatz lautet daher: Funktion schlägt Branche, nahezu immer.

Dieser Grundsatz macht allerdings die Suche nach den idealen Kandidaten nicht unbedingt immer einfacher. Personalberater nehmen Kontakt mit Menschen auf, die sie aus verschiedenen Gründen für die richtige Lösung einer Besetzungsaufgabe halten. Ein Headhunter, der nur nach Branche besetzt, tut sich mitunter leichter, geeignete Kandidaten zu identifizieren, weil der Suchbereich bereits eng abgesteckt ist. Die Fähigkeiten und Fertigkeiten sind schnell abgeklopft, und dass derjenige weiß, wie in der Branche der Hase läuft, kann man in der Regel dann voraussetzen.

Anders sieht es aus, wenn ein Kandidat aus einer anderen Branche bewegt werden soll. Zum einen muss man den Wechsel dem Kandidaten schmackhaft machen, es ist also ein entsprechender Köder nötig (siehe Kapitel 2, »*Follow-up: Den geeigneten Köder auswerfen*«). Zum anderen sind solche branchenfremden Problemlöser manchmal etwas schwerer einzuschätzen: Was kann derjenige wirklich? Daher ist eine fundierte Einschätzung des Kandidaten in dem Fall noch wichtiger. Bringt er die nötige Substanz, die richtigen Fähigkeiten und vergleichbare Erfahrungen mit, um das Problem des Auftraggebers tatsächlich zu lösen?

In den Augen vieler Auftraggeber lehnen sich Personalberater, die eine unkonventionelle Lösung suchen, zu weit aus dem Fenster. Doch genau diese neue Art von Problemlöser gilt es vor allem in der heutigen Zeit zu finden – einer Zeit, in der konventionelle Geschäftsmodelle, Produkte und Dienstleistungen aufgrund von neuen, agilen Konkurrenten sozusagen über Nacht obsolet werden. In diesen Fällen ist ein ausgewiesener Branchenexperte, der noch nie über den Tellerrand hinausgeblickt hat und nur auf seine langjährigen Erfahrungswerte vertraut, unter Umständen kontraproduktiv und damit keine geeignete Lösung. Seine Gewohnheiten, sein Alltagstrott machen ihn betriebsblind – und das schränkt seine Problemlösungsfähigkeiten ein. Der Branchenexperte ist in meinen Augen oftmals die bequeme Lösung, weil er leicht zu identifizieren ist. Aber Bequemlichkeit ist nicht das Ziel der Übung.

Neue Suchmuster finden neue Problemlöser

Statt reiner Personalbeschaffung geht es heutzutage meiner Meinung nach um eine lösungsorientierte Personalsuche. Entscheidend ist, dass die Persönlichkeiten am Ende zusammenpassen, dass die Chemie aller Beteiligten stimmt, dass der Kandidat sich in dem neuen Umfeld mit hoher Wahrscheinlichkeit wohlfühlen wird und der Auftraggeber mit ihm den idealen Problemlöser im Team hat. Doch um dies zu erreichen, müssen sich die Entscheider in den Unternehmen auch auf Neues einlassen, vorhandene Seilschaften erkennen und aufbrechen und ihre Unternehmenskultur weiterentwickeln. Sonst schmoren sie nur weiter im eigenen Saft.

Diese Veränderung kann nur ganz oben beginnen, doch da bewegt sich meiner Ansicht nach noch viel zu wenig in den Köpfen der Unternehmenslenker. Allerdings tut sich auch personell an der absoluten Spitze nicht gerade viel: In Deutschland, Österreich und der Schweiz kam es im Jahr 2016 laut der CEO-Success-Studie von Strategy& nur bei rund 13 Prozent der CEO-Posten zu einem Wechsel. Durchschnittlich sitzt ein CEO im deutschsprachigen Raum 7,8 Jahre auf dem Chefsessel und ein langfristiger Aufbau interner Kandidaten für die CEO-Nachfolge wird demnach offenbar strategisch geplant und erfolgreich praktiziert – allen Schlagzeilen der Wirtschaftspresse zum Trotz. Laut Strategy& wurde nämlich nur ein Viertel der neuen Vorstandsvorsitzenden in Deutschland, Österreich und der Schweiz extern rekrutiert.[29] Stallgeruch ist also nach wie vor ein entscheidender Faktor, wie es scheint.

Die lange Verweildauer von CEOs kann man aber auch als Vorteil sehen: Nach einem Wechsel an der Führungsspitze bleiben dem Neuen acht Jahre Zeit, um langfristige Veränderungen anzustoßen. Ich würde sagen: Da gibt es noch viel zu tun!

DANKSAGUNG

An dieser Stelle liest man in vielen Büchern ellenlange Listen mit Namen. Doch wie Sie im Laufe der Lektüre erfahren haben, bin ich in einer Branche beheimatet, in der Diskretion großgeschrieben wird. So mancher hält sich eben lieber im Hintergrund und möchte nicht im Rampenlicht stehen. Das respektiere ich natürlich. Daher verzichte ich hier auf die namentliche Nennung wichtiger Personen, die ich sehr schätze. Diejenigen wissen dann schon, dass sie gemeint sind.

Die Suche und Auswahl von geeigneten Kandidaten für Spitzenpositionen ist – ich habe es im Laufe des Buchs immer wieder betont – eine Teamleistung. Aus diesem Grund danke ich meinen Kollegen und meinem gesamten Team herzlich für ihre unermüdliche Unterstützung im Personalberatungsalltag sowie während der heißen Phasen dieses Buchprojekts.

Darüber hinaus bin ich all jenen zu Dank verpflichtet, die mich bei meiner Laufbahn als Personalberater angeleitet und vorangebracht haben.

ÜBER DEN AUTOR

Dr. Matthias Kestler ist Gründer und Geschäftsführer der Personalberatung Xellento Executive Search (www.xellento.com), die auf die Besetzung von Spitzenpositionen in internationalen Konzernen ebenso wie in mittelständischen Firmen spezialisiert ist. Laut *Wirtschaftswoche* zählt er zu den einflussreichsten Headhuntern Deutschlands.

Matthias Kestler – promovierter Jurist, Rechtsanwalt, Fachanwalt Steuerrecht, Steuerberater (Examen im Jahr 2000), Diplom-Volkswirt und Diplom-Kaufmann – begann seine Berufslaufbahn im Jahr 1992 im Repetitorium Hemmer und in der Kanzlei Haarmann, Hemmelrath & Partner (Schwerpunkte: Gesellschaftsrecht, Steuerrecht, M&A, Unternehmensrestrukturierungen, Private Equity und Venture Capital), gefolgt von Jones Day, einer der weltweit größten Anwaltskanzleien. Danach wechselte er auf die Konzernseite, wo er unter anderem als General Counsel für die ProSiebenSat.1 Media AG arbeitete. Im Jahr 2007 gründete er zusammen mit der Rickert & Fulghum GmbH (als deren Tochterunternehmen) die Personalberatung Rat.Haus GmbH und später Xellento.

Matthias Kestler, der sich selbst als Generalist sieht, sucht und findet branchenübergreifend geeignete Kandidaten für C-Level-Positionen, die erste und die zweite Führungsebene in Deutschland, Österreich und der Schweiz, vor allen Dingen Vorstände und Aufsichtsräte, Holdingfunktionen, Financial Officers sowie Legal- und HR-Positionen. Darüber hinaus begleitet er Restrukturierungen und Sanierungen, im

Schwerpunkt bei Mittelständlern und Familienunternehmen, Professional-Services- und Private-Equity-Firmen.

Matthias Kestler räumt mit so manchen Mythen auf – gegenüber Auftraggebern ebenso wie gegenüber Kandidaten. Aufgrund seiner langjährigen Erfahrungen und seines hochkarätigen Expertennetzes kennt er nicht nur die Sichtweise von Konzernen, Personalberatern und Kandidaten, sondern verfügt auch über einen einzigartigen Einblick in die verschwiegene und geheimnisumwitterte Welt der Top-Headhunter.

ANMERKUNGEN

1 Blackbox Headhunting: Ein paar Basics

1 Vgl. Springer Gabler Verlag (Hg.), *Gabler Wirtschaftslexikon*, Stichwort: Head Hunting, online im Internet: https://wirtschaftslexikon.gabler.de/definition/head-hunting-35770/version-259244.

2 Um die Vertraulichkeit im Sinne meiner Kunden – und dazu zähle ich die Auftraggeber ebenso wie die Kandidaten – zu wahren, sind die genannten Fälle abgewandelt und ähnliche Gegebenheiten zusammengefasst, sodass keine Rückschlüsse auf reale Situationen mehr möglich sind. Die Geschichten stammen aus dem wahren Leben, sie begegnen mir oder meinen Kollegen in der einen oder anderen Form ständig, beziehen sich also nicht auf ein bestimmtes Unternehmen, einen speziellen Kandidaten oder einen spezifischen Prozess.

3 Bundesverband Deutscher Unternehmensberater, »Personalberater sind auf der Jagd nach digitalen Talenten«, Pressemitteilung, 26. April 2017, https://www.bdu.de/media/296200/ergebnisse-marktstudie-personalberatung-2017.pdf.

4 Claudia Tödtmann und Kristin Schmidt, »Das sind Deutschlands beste Headhunter«, *Wirtschaftswoche Online*, 11. Dezember 2017, https://www.wiwo.de/erfolg/beruf/personalberater-ranking-das-sind-deutschlands-beste-headhunter/20680218.html.

5 Bundesverband Deutscher Unternehmensberater, »Personalberater sind auf der Jagd nach digitalen Talenten«, Pressemitteilung, 26. April 2017.

6 Vgl. Xellento Executive Search: »Mission Impossible oder: sieben beliebte Irrtümer bei der Zusammenarbeit mit Personalberatern«, http://www.

xellento.com/mission-impossible-oder-sieben-der-beliebtesten-irrtuemer-bei-der-zusammenarbeit-mit-personalberatern/

7 »Ex-›Höhle der Löwen‹-Juror Jochen Schweizer erklärt, was gute Kandidaten auszeichnet«, *Business Insider Deutschland*, 3. April 2018, http://www.businessinsider.de/bewerbung-ex-hoehle-der-loewen-juror-jochen-schweizer-erklaert-was-gute-kandidaten-auszeichnet-2018-4.

8 Vgl. u. a. Bernd Kramer, »›Der Algorithmus diskriminiert nicht‹«, *Die Zeit*, 9. Februar 2018, http://www.zeit.de/arbeit/2018-01/roboter-recruiting-bewerbungsgespraech-computer-tim-weitzel-wirtschaftsinformatiker; Liane von Billerbeck, »Algorithmen helfen im Bewerbungsprozess – Wie der Computer den Personaler unterstützt«, 7. September 2016, http://www.deutschlandfunkkultur.de/algorithmen-helfen-im-bewerbungsprozess-wie-der-computer.1008.de.html?dram:article_id=365178; Manuel Heckel, »Recruiting in Unternehmen: Wenn der Algorithmus die besten Bewerber aussucht«, *Handelsblatt Online*, 7. August 2016, http://www.handelsblatt.com/my/unternehmen/beruf-und-buero/buero-special/recruiting-in-unternehmen-wenn-der-algorithmus-die-besten-bewerber-aussucht/13973490.html; Lisa Kreuzmann, »Vorstellungsgespräch bei einem Bot«, *Die Zeit*, 22. Januar 2018, http://www.zeit.de/2018/04/chatbot-vorstellungsgespraech-jobvermittlung-personalarbeit.

9 Vgl. u. a. Meghan M. Biro, »Recruiting By Chatbot: 4 Ways HR Tech Can Take Us Higher«, *Forbes Online*, 6. Oktober 2017, https://www.forbes.com/sites/meghanbiro/2017/10/06/recruiting-by-chatbot-4-ways-hr-tech-will-take-us-higher/; »Bots im Recruiting – Chancen, Möglichkeiten, digitaler Wandel«, Blog-Post, Queb – Bundesverband für Employer Branding, Personalmarketing und Recruiting e. V., 15. September 2017, https://www.queb.org/bots-im-recruiting/.

10 Joachim Skura, »HR Analytics: Big Data fürs Recruiting nutzen«, *Computerwoche Online*, 1. Februar 2018, https://www.computerwoche.de/a/big-data-fuers-recruiting-nutzen,3544069.

11 Vgl. u. a. Katharina Wolff, »Künstliche Intelligenz im Recruiting-Einsatz«, *Huffington Post Deutschland*, 2. Dezember 2017, https://www.huffingtonpost.de/katharina-wolff/kuenstliche-intelligenz-im-recruiting-einsatz_b_18661956.html; Sven Eisenkrämer, »Wie Künstliche Intelligenz im Recruiting helfen kann«, Blog-Post, Springer Professional, 11. Dezember 2017, https://www.springerprofessional.de/recruiting/kuenstliche-intelligenz/wie-kuenstliche-intelligenz-im-recruiting-helfen-kann/15292586.

12 Tim Kummert, »Jagd auf die Headhunter«, *Frankfurter Allgemeine Zeitung Online*, 9. Februar 2018, http://www.faz.net/1.5428439.

2 Gesucht: Geeignete Kandidaten

1 Vgl. BGH v. 9.2.2006 – I ZR 73/02, NZA 2006, 500; BGH v. 4.3.2004 – I ZR 221/01, AuR, 239

2 Vgl. BAG v. 22.11.1965 – 3 AZR 130/65, AP Nr. 1 zu § 611 BGB; BAG c. 19.10.1962 – 1 AZR 487/61, NJW 1963, 124 f.

3 Vgl. https://www.jurion.de/urteile/bgh/2006-02-09/i-zr-73_02/

4 Dr. Martin Lützeler und Alexander Bissels, »Grenzen der Abwerbung von Arbeitnehmern«, *HR Services*, Nr. 02 (2008), Seite 36 f.

5 Odger Berndtson, »Manager-Barometer 2017/18. Siebte jährliche Befragung des Odgers Berndtson Executive Panels in Deutschland, Österreich und der Schweiz«, Studie, 2017, https://www.odgersberndtson.com/media/5652/ob_manager_barometer_2017.pdf.

6 Odger Berndtson, »Manager-Barometer 2017/18. Siebte jährliche Befragung des Odgers Berndtson Executive Panels in Deutschland, Österreich und der Schweiz«, Studie, 2017, Seite 6.

7 Odger Berndtson, »Manager-Barometer 2017/18. Siebte jährliche Befragung des Odgers Berndtson Executive Panels in Deutschland, Österreich und der Schweiz«, Studie, 2017.

8 »The Myers & Briggs Foundation«, www.myersbriggs.org, 2018, http://www.myersbriggs.org/home.htm?bhcp=1.

9 Shana Lebowitz, »Scientists say your personality can be deconstructed into 5 basic traits«, *Business Insider Deutschland*, 27. Dezember 2016, https://www.businessinsider.de/big-five-personality-traits-2016-12.

10 »Headhunter Dieter Rickert: Gefragt sind Winner-Typen (Capital 8/1991)«, Büro Rickert GmbH – Medien, 2013, http://www.rickert-online.de/presse/capital8_91.html.

11 Tobias Rabe, »Spitzensportler mit Steuerproblemen«, *Frankfurter Allgemeine Zeitung Online*, 4. April 2016, https://www.faz.net/1.4159569.

12 Bettina Schulz, »Finanzskandale (7): Nick Leeson«, *Frankfurter Allgemeine Zeitung Online*, 7. März 2009, https://www.faz.net/1.149410; Katharina Wetzel, »Über die peinlichste Zeit von Nick Leeson«, *Süddeutsche Zeitung Online*, 9. April 2013, http://www.sueddeutsche.de/wirtschaft/bankrott-der-barings-bank-ueber-die-peinlichste-zeit-von-nick-leeson-1.1644825.

3 Bremsklötze: Illusionen im Besetzungsprozess

1 Die Bundesbeauftragte für den Datenschutz und die Informationsfreiheit (Hg.), »Datenschutz-Grundverordnung«, BfDI-Info 6, 5. Auflage, 2017, https://www.bfdi.bund.de/SharedDocs/Publikationen/Infobroschueren/INFO6.pdf?__blob=publicationFile&v=44; siehe auch unter anderem https://www.bfdi.bund.de/DE/Datenschutz/DatenschutzGVO/DatenschutzGVO-node.html, https://dejure.org/gesetze/DSGVO; Thorsten Kleinz, »Europa lädt das Update hoch«, Zeit Online, 8. Mai 2018, https://www.zeit.de/digital/datenschutz/2018-05/dsgvo-datenschutz-eu-aenderungen.

2 Experteer GmbH, »Active Sourcing Studie 2015: Spitzenkräfte möchten direkt angesprochen werden«, Pressemitteilung, 1. September 2015, https://www.experteer.de/about/press_release/active_sourcing_studie_2015; Experteer Gmbh, »Active Sourcing Studie 2015«, 2015.

3 Experteer Gmbh, »Active Sourcing Studie 2015«, Seite 2.

4 Claudia Tödtmann, »Studie zu Personalberatern: Gute Zeiten für Headhunter«, *Wirtschaftswoche Online*, 11. Mai 2016, https://www.wiwo.de/erfolg/jobsuche/studie-zu-personalberatern-gute-zeiten-fuer-headhunter/13581310.html.

5 Claudia Tödtmann und Kristin Schmidt, »Das sind Deutschlands beste Headhunter«, *Wirtschaftswoche Online*, 11. Dezember 2017.

6 Vgl. u. a. Jonas Erlenkämper, »Hochstapler: Wie Schwindler zu Piloten oder Ärzten werden«, *Berliner Morgenpost Online*, 22. Februar 2018, https://www.morgenpost.de/vermischtes/article213516161/Hochstapler-Wie-Schwindler-zu-Piloten-oder-Aerzten-werden.html; Inga Michler, »Kollege Hochstapler«, *Die Welt Online*, 22. Juli 2016, https://www.welt.de/print/die_welt/wirtschaft/article157216616/Kollege-Hochstapler.html; Elke Silberer, »Arzt operierte ohne abgeschlossenes Studium«, *Die Welt Online*, 12. Juli 2016, https://www.welt.de/regionales/nrw/article156994796/Arzt-operierte-ohne-abgeschlossenes-Studium.html; Andreas Kopietz, »Falscher Arzt aus Berlin behandelte Reisende auf Kreuzfahrten«, *Berliner Zeitung Online*, 4. Dezember 2015, https://www.berliner-zeitung.de/berlin/polizei/aida-cruises-falscher-arzt-aus-berlin-behandelte-reisende-auf-kreuzfahrten-23259634.

7 Ulrich Schäfer, »Unmöglicher Job zu vergeben«, *Süddeutsche Zeitung*

Online, 28. März 2018, http://www.sueddeutsche.de/wirtschaft/deutsche-bank-unmoeglicher-job-zu-vergeben-1.3923269.

8 Christoph Damm, »Das sind die 25 besten Arbeitgeber Deutschlands für 2018«, *Business Insider Deutschland*, 6. Dezember 2017, http://www.businessinsider.de/das-sind-die-25-besten-arbeitgeber-deutschlands-fuer-2018-2017-12. Siehe auch: https://www.glassdoor.de/Award/Beste-Arbeitgeber-Deutschland-LST_KQ0,29.htm.

9 Kununu, »Focus Award: Deutschlands beste Arbeitgeber 2018«, Kununu Insights, 30. Januar 2018, https://news.kununu.com/beste-arbeitgeber-deutschland/; »Ist Ihre Firma dabei? Das sind Deutschlands 30 beste Arbeitgeber 2018«, *Focus Online*, 30. Januar 2018, https://www.focus.de/finanzen/karriere/job-ranking-von-focus-und-kununu-adidas-google-bayer-das-sind-deutschlands-beste-arbeitgeber-2018_id_8383808.html.

10 dpa, »Studie der wertvollsten Unternehmen zeigt eine bittere Wahrheit über Deutschland«, *Business Insider Deutschland*, 1. April 2018, http://www.businessinsider.de/studie-der-wertvollsten-unternehmen-zeigt-ei-ne-bittere-wahrheit-ueber-deutschland-2018-4.

11 Catrin Bialek, »Markenranking BrandZ: SAP ist die wertvollste deutsche Marke«, *Handelsblatt Online*, 25. Januar 2018, http://www.handelsblatt.com/unternehmen/it-medien/markenranking-brandz-sap-ist-die-wert-vollste-deutsche-marke/20891256.html.

12 Odger Berndtson, »Manager-Barometer 2017/18. Siebte jährliche Befragung des Odgers Berndtson Executive Panels in Deutschland, Österreich und der Schweiz«, Studie, 2017.

13 Ebenda.

14 Siehe dazu auch Matthias Kestler, »Warum Sie immer die falschen Manager bekommen«, *Wirtschaftswoche Online*, 23. März 2017, https://www.wiwo.de/erfolg/management/besetzung-von-spitzenpositionen-warum-sie-im-mer-die-falschen-manager-bekommen/19541766.html.

15 Drösser, Christoph: *Der Mathematik-Verführer*. Berlin: Booklett, 2007, Seite 40–51.

16 Vgl. u. a. »Global Grading System«. In: Wikipedia, Die freie Enzyklopädie. Bearbeitungsstand: 25. Juni 2017, 01:09 UTC, https://de.wikipedia.org/w/index.php?title=Global_Grading_System&oldid=166693231; »Stellenbewertung«. In: Wikipedia, Die freie Enzyklopädie. Bearbeitungsstand: 26. Dezember 2017, 13:10 UTC, https://de.wikipedia.org/w/index.php?title=Stellenbewertung&oldid=172299857; https://www.gradar.com/de/stellenbewertung.html; Hay Group »Hay Group Guide Chart – Profile Method of Job Evaluation«, Broschüre, 2010, https://www.haygroup.

com/downloads/au/Guide_Chart-Profile_Method_of_Job_Evaluation_
Brochure_web.pdf; Mercer, »International Position Evaluation System«,
2018, https://www.imercer.com/products/2010/ipe.aspx#features

17 Vgl. u. a. Inga Michler, »So sichern sich Betrüger lukrative Jobs«, *Die Welt
Online*, 22. Juli 2016, https://www.welt.de/wirtschaft/karriere/bildung/
article157215293/So-sichern-sich-Betrueger-lukrative-Jobs.html; Dämon,
Kerstin, »Wie viel Schummeln ist zu viel?«, *Wirtschaftswoche Online*, 20.
Juli 2016, https://www.wiwo.de/erfolg/jobsuche/lebenslauf-wie-viel-schum-
meln-ist-zu-viel/12438534.html.

4 Existenzgefährdend: Monokultur im Managerwald

1 Jakob Eich, »Siemens tauscht Medizintechnik-CFO kurz vor IPO aus«,
Finance Magazin, 10. November 2017, https://www.finance-magazin.
de/cfo/cfo-wechsel/siemens-tauscht-medizintechnik-cfo-kurz-vor-ipo-
aus-2002091/.

2 Heiner Thorborg, »Wie Hasen aus dem Hut – die Chefs wechseln immer
schneller«, *Manager Magazin Online*, 13. Juni 2016, http://www.manager-
magazin.de/unternehmen/artikel/chefwechsel-aufsichtsraete-leisten-sich-
fehlbesetzungen-a-1097349.html.

3 Kerstin Dämon, »Fehlbesetzung: Jeder dritte Chef taugt nichts«, *Wirtschaftswoche Online*, 14. Juni 2017, https://www.wiwo.de/erfolg/manage-
ment/fehlbesetzung-jeder-dritte-chef-taugt-nichts/19923882.html.

4 Matthias Kestler, »Warum Sie immer die falschen Manager bekommen«,
Wirtschaftswoche Online, 23. März 2017.

5 Vgl. Springer Gabler Verlag (Hg.), Gabler Wirtschaftslexikon, Stichwort:
Peter-Prinzip, online im Internet: https://wirtschaftslexikon.gabler.de/de-
finition/peter-prinzip-43002/version-266339.

6 Vgl. u. a. »Korruption: Ehemaliger BER-Manager muss ins Gefängnis«,
Süddeutsche Zeitung Online, 2016, http://www.sueddeutsche.de/wirtschaft/
korruption-ehemaligen-ber-manager-muss-wegen-korruption-ins-gefa-
engnis-1.3202879; Annina Reimann, »Autobauer im Visier: Staatsanwaltschaft ermittelt gegen Ex-BMW-Manager«, *Wirtschaftswoche Online*, 11.
Januar 2018, https://www.wiwo.de/unternehmen/auto/autobauer-im-vi-

sier-staatsanwaltschaft-ermittelt-gegen-ex-bmw-manager/20833836.html; Sven Clausen, »Martin Winterkorn in den USA angeklagt«, *Manager Magazin*, 4. Mai 2018, http://www.manager-magazin.de/unternehmen/auto-industrie/winterkorn-ex-vw-chef-muss-in-usa-wegen-abgasskandal-vor-gericht-a-1206140.html.

7 Ernst & Young GmbH, »EMEIA Fraud Survey – Ergebnisse für Deutschland«, Studie, April 2017, http://www.ey.com/Publication/vwLUAssets/EY_-_EMEIA_Fraud_Survey_-_Ergebnisse_für_Deutschland_April_2017/$FILE/ey-emeia-fraud-survey-ergebnisse-fuer-deutschland-april-2017.pdf.

8 Ernst & Young GmbH, »EMEIA Fraud Survey – Ergebnisse für Deutschland«, Studie, April 2017; Heiner Thorborg, »Wenn die Angst zur Skrupellosigkeit mutiert«, *Manager Magazin Online*, 19. April 2017, http://www.manager-magazin.de/unternehmen/karriere/fuehren-im-digitalen-zeitalter-wenn-angst-zur-skrupellosigkeit-mutiert-a-1143818.html.

9 Ernst & Young GmbH, »Global Fraud Survey«, Studie, 2016, http://www.ey.com/Publication/vwLUAssets/EY-global-fraud-durvey-ergebnisse-fuer-deutschland/$FILE/EY-global-fraud-durvey-ergebnisse-fuer-deutschland.pdf.

10 Odgers Berndtson, »Manager-Barometer 2016/2017.«, Studie, 2016.

11 Peter Gassmann, »16. Ausgabe der Strategy& ›CEO Success Study‹: CEO-Fluktuation im deutschsprachigen Raum mit 12,7 % erheblich niedriger als in allen anderen Weltregionen«, Pressemitteilung, 15. Mai 2017, https://www.strategyand.pwc.com/de/pressemitteilung-detail/de-study-on-ceo-trends2016.

12 Kristin Rivera, Per-Ola Karlsson, und Aguirre DeAnne, »Are CEOs Less Ethical Than in the Past?«, strategy+business, 15. Mai 2017, https://www.strategy-business.com/feature/Are-CEOs-Less-Ethical-Than-in-the-Past?gko=50774.

13 Bundesverband Deutscher Unternehmensberater BDU e. V. (Hg.), »Grundsätze ordnungsgemäßer und qualifizierter Personalberatung (GoPB)«, 2016.

14 Matthias Daum, Sarah Jäggi, und Aline Wanner, »Gleichstellung: Eine Quote auf Zeit«, *Die Zeit*, 12. März 2018, http://www.zeit.de/2018/11/gleichstellung-gesetz-frauenquote-abgelehnt-staenderat-schweiz.

15 Julia Bähr, »Das Spiegelkabinett des Horst Seehofer«, *Frankfurter Allgemeine Zeitung Online*, 28. März 2018, http://www.faz.net/1.5517227.

16 »Seehofers Mannschaft im Shitstorm«, *Süddeutsche Zeitung Online*, 28. März 2018, http://www.sueddeutsche.de/politik/bundesinnenministerium-seehofers-mannschaft-im-shitstorm-1.3924484.

17 Ebenda.

18 Susanne Klein, »Neun Männer, sechs Frauen, Durchschnittsalter 50«, *Süddeutsche Zeitung Online*, 9. März 2018, http://www.sueddeutsche.de/politik/merkels-kabinett-neun-maenner-sechs-frauen-durchschnitts-alter-1.3898560; »Gleichstellung: Frauenanteil in der Bundesregierung bleibt gering«, *Die Zeit Online*, 16. April 2018, http://www.zeit.de/politik/deutschland/2018-04/gleichstellung-frauen-bundesregierung-frauen-anteil-gruene.

19 Julia Bähr, »Das Spiegelkabinett des Horst Seehofer«, *Frankfurter Allgemeine Zeitung Online*, 28. März 2018.

20 Ebenda.

21 »Mehr weibliche Aufsichtsräte«, *Zeit Online*, 10. Januar 2018, http://www.zeit.de/wirtschaft/unternehmen/2018-01/frauenquote-aufsichtsraete-gleichberechtigung-deutsches-institut-wirtschaftsforschung; DIW Berlin, »DIW Managerinnen-Barometer 2018: Geschlechterquote für Aufsichtsräte greift, in Vorständen herrscht nahezu Stillstand«, Pressemitteilung, 10. Januar 2018, https://www.diw.de/de/diw_01.c.574761.de/themen_nachrichten/diw_managerinnen_barometer_2018_geschlechterquote_fuer_aufsichtsraete_greift_in_vorstaenden_herrscht_nahezu_stillstand.html.

22 Bundesministerium für Familie, Senioren, Frauen und Jugend, »BMFSFJ – Gesetz für die gleichberechtigte Teilhabe von Frauen und Männern an Führungspositionen«, www.bmfsfj.de, 13. September 2017, https://www.bmfsfj.de/bmfsfj/service/gesetze/gesetz-fuer-die-gleichberechtigte-teilhabe-von-frauen-und-maennern-an-fuehrungspositionen/119350#.

23 Peter Gassmann, »16. Ausgabe der Strategy& ›CEO Success Study‹: CEO-Fluktuation im deutschsprachigen Raum mit 12,7 % erheblich niedriger als in allen anderen Weltregionen«, Pressemitteilung, 15. Mai 2017.

24 FidAR, »FidAR – Frauen in die Aufsichtsräte: Über FidAR«, www.fidar.de, 2018, https://www.fidar.de/ueber-fidar.html.

25 FidAR – Frauen in die Aufsichtsräte e. V., »Women-on-Board-Index (WoB-Index 185) Frauenanteil in Führungspositionen der im DAX, MDAX, SDAX und TecDAX sowie der im Regulierten Markt notierten, voll mitbestimmten Unternehmen«, Studie, 14. Januar 2018, Seite 17.

26 Odgers Berndtson, »Manager-Barometer 2016/2017.«

27 Vgl. u. a. Prof. Dr. Isabell M. Welpe et al., »Gendergerechte Personalauswahl und -beförderung. Handreichung für EntscheidungsträgerInnen in Wirtschaft und Wissenschaft«, o. J.; Isabell M. Welpe, Prisca Brosi, und Tanja Schwarzmüller, »Wenn Gleiches unterschiedlich beurteilt wird. Die Wirkung unbewusster Rollenerwartungen«, *OrganisationsEntwicklung*, Nr. 4 (2014), Seite 5; Anne Brüning, »Fröhliche Frauen werden keine Führungs-

kräfte«, *Berliner Zeitung*, 4. Juni 2013, https://www.berliner-zeitung.de/wissen/stereotype-in-der-arbeitswelt-froehliche-frauen-werden-keine-fuehrungskraefte-4741974; Thomas Sattelberger, »Zukunft der Arbeit: Warum die Frauenquote allein nicht reicht«, *Handelsblatt Online*, 23. März 2015, http://www.handelsblatt.com/unternehmen/beruf-und-buero/leaderin/zukunft-der-arbeit-warum-die-frauenquote-allein-nicht-reicht/11526070.html. Für die Gegenposition vgl. u. a. »Geschlechtsunterschiede: Von Natur aus anders«, Doris Bischof-Köhler – Forschung, 2016, http://www.bischof.com/doris_geschlechtsunterschiede.html; NeuromarketingHaufe, Neuromarketing Kongress 2013, Vortrag von Prof. Dr. Norbert Bischof. Thema: Von Natur aus anders – Geschlechtsunterschiede aus Sicht der Psychologie, 2013, https://www.youtube.com/watch?v=0lL0YpzThFg.

28 Johannes Stämmler, »Das Kabinett entfremdet Ostdeutschland von der Politik«, *Der Tagesspiegel Online*, 11. Februar 2018, https://www.tagesspiegel.de/politik/grosse-koalition-das-kabinett-entfremdet-ostdeutschland-von-der-politik/20949172.html; Tobias Heimbach und Sabine Menkens, »Merkels GroKo-Kabinett: Warum sich die SPD mit der Ministersuche so schwertut«, *Welt Online*, 5. März 2018, https://www.welt.de/politik/deutschland/article174220726/Merkels-GroKo-Kabinett-Warum-sich-die-SPD-mit-der-Ministersuche-so-schwertut.html.

29 Peter Gassmann, »16. Ausgabe der Strategy& ›CEO Success Study‹: CEO-Fluktuation im deutschsprachigen Raum mit 12,7 % erheblich niedriger als in allen anderen Weltregionen«, Pressemitteilung, 15. Mai 2017.

REGISTER

Hermann Simon
Zwei Welten, ein Leben
Vom Eifelkind zum
Global Player

2018. Ca. 320 Seiten · Gebunden

Auch als E-Book erhältlich

Eine beeindruckende Erfolgsgeschichte

Hermann Simon, geboren 1947, international gefragter Management-vordenker, erfolgreicher Unternehmer und Pricing-Spezialist, entdeckte sein Interesse an Preisen schon als Kind in der elterlichen Landwirtschaft. Als Entdecker der »Hidden Champions«, der unbekannten Weltmarktführer, hat er in wenigen Jahrzehnten selbst die international erfolgreichste deutsche Beratung aufgebaut: Simon-Kucher & Partners mit Sitz in Bonn ist heute der Weltmarktführer für Preismanagement – vertreten an 36 Standorten in Europa, den USA, Asien, Südamerika, Kanada, Australien … Hermann Simon, der Wanderer zwischen den Welten, erzählt in seiner Autobiografie lebensnah von seinem Weg in die Topliga des Managements.

campus.de

Frankfurt. New York